高等学校通信工程专业"十二五"规划教材



# 微机原理与接口实验指导

蒋 富 主 编

梁建武 吴同茂 副主编

中国铁道出版社
CHINA RAILWAY PUBLISHING HOUSE

## 内容简介

本书以培养学生实践能力为主线，基于微机原理讲述实用接口技术的相关实验。微处理器现在流行的是64位处理器，但和早期经典的8086/8088的处理器兼容，最基本的核心原理都是一样的，所以本书以8086/8088的处理器、寄存器结构为主线介绍其工作原理、寻址方式和输入/输出控制等内容。通过实验促使学生快速使用微处理器芯片及典型的接口芯片设计微处理器应用的典型接口电路，加深对微处理器和典型接口芯片特性的理解，初步掌握微处理接口电路设计的方法，从而加强微机应用的工程实践能力。全书分为汇编程序设计和微机接口实验两部分（共5章），从DEBUG基本操作到MASM汇编语言程序设计再到程序设计软件的安装及使用和相关的实验操作，均做了详细的介绍与说明。最后，还添加了DEBUG操作的全部命令，方便读者查找与使用。本书是高等学校通信工程专业教材《微机原理与接口技术》（梁建武主编）的配套实验指导教材。

本书适合作为高等学校通信工程类、电子信息工程类和其他相近专业本科生的实验教材，也可作为从事微机及其应用系统设计科技工作者的自学参考书。

**图书在版编目（CIP）数据**

微机原理与接口实验指导/蒋富主编. —北京：中国铁道出版社，2017.4

高等学校通信工程专业“十二五”规划教材

ISBN 978-7-113-22908-5

Ⅰ. ①微… Ⅱ. 蒋… Ⅲ. ①微型计算机-理论-高等学校-教学参考资料②微型计算机-接口技术-高等学校-教学参考资料 Ⅳ. ①TP36

中国版本图书馆CIP数据核字（2017）第048080号

**书　　名**：微机原理与接口实验指导
**作　　者**：蒋富　主编

**策　　划**：曹莉群　周海燕　　　　**读者热线**：（010）63550836
**责任编辑**：周海燕　彭立辉
**封面设计**：一克米工作室
**封面制作**：白　雪
**责任校对**：张玉华
**责任印制**：郭向伟

**出版发行**：中国铁道出版社（100054，北京市西城区右安门西街8号）
**网　　址**：http://www.51eds.com
**印　　刷**：北京海淀五色花印刷厂
**版　　次**：2017年4月第1版　　2017年4月第1次印刷
**开　　本**：787 mm×1 092 mm　1/16　**印　　张**：6.75　**字数**：153千
**书　　号**：ISBN 978-7-113-22908-5
**定　　价**：22.00元

# 从书序

在社会信息化的进程中,信息已成为社会发展的重要资源,现代通信技术作为信息社会的支柱之一,在促进社会发展、经济建设方面,起着重要的核心作用。信息的传输与交换的技术即通信技术是信息科学技术发展迅速并极具活力的一个领域,尤其是数字移动通信、光纤通信、射频通信、Internet 网络通信使人们在传递信息和获得信息方面达到了前所未有的便捷程度。通信技术在国民经济各部门和国防工业以及日常生活中得到了广泛的应用,通信产业正在蓬勃发展。随着通信产业的快速发展和通信技术的广泛应用,社会对通信人才的需求在不断增加。通信工程(也作电信工程,旧称远距离通信工程、弱电工程)是电子工程的一个重要分支,电子信息类子专业,同时也是其中一个基础学科。该学科关注的是通信过程中的信息传输和信号处理的原理和应用。本专业学习通信技术、通信系统和通信网等方面的知识,能在通信领域中从事研究、设计、制造、运营及在国民经济各部门和国防工业中从事开发、应用通信技术与设备的相关工作。

社会经济发展不仅对通信工程专业人才有十分强大的需求,同样通信工程专业的建设与发展也对社会经济发展产生重要影响。通信技术发展的国际化,将推动通信技术人才培养的国际化。目前,世界上有 3 项关于工程教育学历互认的国际性协议,签署时间最早、缔约方最多的是《华盛顿协议》,也是世界范围知名度最高的工程教育国际认证协议。2013 年 6 月 19 日,在韩国首尔召开的国际工程联盟大会上,《华盛顿协议》全会一致通过接纳中国为该协议签约成员,中国成为该协议组织第 21 个成员,标志着中国的工程教育与国际接轨。通信工程专业积极采用国际化的标准,吸收先进的理念和质量保障文化,对通信工程教育改革发展、专业建设,进一步提高通信工程教育的国际化水平,持续提升通信工程教育人才培养质量具有重要意义。

为此,中南大学信息科学与工程学院启动了通信工程专业的教学改革和课程建设,以及 2016 版通信工程专业培养方案,并与中国铁道出版社在近期联合组织了一系列通信工程专业的教材研讨活动。他们以严谨负责的态度,认真组织教学一线的教师、专家、学者和编辑,共同研讨通信工程专业的教育方法和课程体系,并在总结长期的通信工程专业教学工作的基础上,启动了"高等学校通信工程专业'十二五规划'教材"的编写工作,成立了高等学校通信工程专业"十二五规划"教材编委会,由中南大学信息科学与工程学院主管教学的副院长施荣华教授、中南大学信息科学与工程学院电子与通信工程系李宏教授担任主任，邀请国家教学名师、国防科技大学邹逢兴教授担任主审。力图编写一套通信工程专业的知识结构简明完整的、符合工程认证教育的教材，相信可以对全国的高等院校通信工程专业的建设起到很好的促进作用。

本系列教材拟分为三期，覆盖通信工程专业的专业基础课程和专业核心课程。教材内容覆盖和知识点的取舍本着全面系统、科学合理、注重基础、注重实用、知识宽泛、关注发展的原则，比较完整地构建通信工程专业的课程教材体系。第一期包括以下教材：

《信号与系统》《信息论与编码》《网络测量》《现代通信网络》《通信工程导论》《通信网络安全技术及应用》《北斗卫星通信》《射频通信系统》《数字图像处理》《嵌入式通信系统》《通信原理》《通信工程应用数学》《电磁场与电磁波》《电磁场与微波技术》《现代通信网络管理》《微机原理与接口技术》《微机原理与接口技术实验指导》《信号与系统分析》。

本套教材如有不足之处，请各位专家、老师和广大读者不吝指正。希望通过本套教材的不断完善和出版，为我国通信工程专业的发展和人才培养做出更大贡献。

高等学校通信工程专业“十二五”规划教材编委会<br>2015.7

# 前　言

自20世纪70年代初第一代微型计算机问世以来,计算机技术以惊人的速度发展,尤其是在以Intel 8088为CPU的IBM PC诞生后的15年里,PC经历了几个发展阶段,在广泛流行的以8086/8088为CPU的PC/XT机之后,又相继出现了以80286为CPU的PC/AT机和以80386、80486为CPU的PC。如今,CPU技术快速发展,当今处理器的数据处理速度相对于8086系列来说,已不是同一个量级。但是,作为一代微型计算机,PC/XT机的结构、组成原理以及它所使用的MS-DOS操作系统等,在后续的高档PC设计中基本上都得到了体现。因此,它可以用作学习微型计算机原理的范例,来阐明微处理器、汇编语言程序设计、计算机结构和操作系统等基本概念。有了这些基础,读者才能进一步拓宽自己的知识,掌握更加丰富多彩的计算机技术。所以,基于8086 CPU的实验课程尤为重要,学生在学习这门专业课时,要强化其对8086 CPU架构的理解以及加强汇编语言编程的能力。本书设计了一系列实验,详尽地将有关微机处理器及其指令系统的概念和程序设计方法融入实验之中,同时将计算机的存储器、各类可编程接口芯片、总线等各项技术与实验相融合,并且将实验置于具有实际应用背景的环境下,以提高学生的思维能力和动手能力。

本书是高等学校通信工程专业教材《微机原理与接口技术》(梁建武主编)的配套实验指导教材,全书分为汇编程序设计和微机接口实验两部分(共5章)。第1章介绍了DEBUG命令及其操作;第2章介绍了MASM汇编语言程序设计;第3章介绍了基于EMU8086的汇编程序设计;第4章为实验平台简介及系统安装;第5章为实验指导,包括定时器/计数器8253及8254、通用并行接口8255、串行接口8251A,数-模转换接口以及DMA控制器等,并且以继电器、步进电动机为控制对象,进行控制算法的实验。本书在内容安排上注重系统性、先进性和实用性;各章前后呼应,并加入了大量的程序和硬件设计实例,着眼于使读者能够深入了解计算机的原理、结构和特点,以及如何运用这些知识来设计一个实用的微型计算机系统。

本书由蒋富任主编,梁建武、吴同茂任副主编,蒋富负责全书的体系结构和全书的统稿。其中:第1、2、3章由蒋富编写;第4、5章由梁建武、吴同茂编写;另外,贺健、邹一冰、秦高荣、易文妮为本书文档整理、附录编制、资料收集做了很多工作,在此表示感谢!

由于实践仓促,编者水平有限,书中难免存在疏漏与不妥之处,恳请广大读者批评指正。

编　者

2017年1月

# 目　录

CONTENTS

## 第一部分　汇编程序设计



## 第二部分　微机接口实验

# 第一部分

# 汇编程序设计

本部分是微机原理与接口实验的基础部分，从 DEBUG 基本操作到 MASM 汇编语言程序设计再到程序设计软件的安装及使用均做了详细的介绍与说明。第 1 章讲解了DEBUG命令的基本使用方法。第 2 章介绍了 MASM 使用方法以及 4 种基本程序结构的设计方法。第 3 章主要介绍了学习汇编语言的工具 EMU8086 的安装与使用，并结合具体的实验例程对 EMU8086 环境中程序的编写进行了详细介绍。

# 第 1 章 DEBUG 命令及其操作

## 1.1 DEBUG 程序的进入

在 Windows 7 系统中单击“开始”按钮，在搜索框中输入 cmd 命令（见图 1-1），然后按【Enter】键，即可进入 MS-DOS 系统，如图 1-2 所示。

图 1-1 在搜索框中输入 cmd 命令

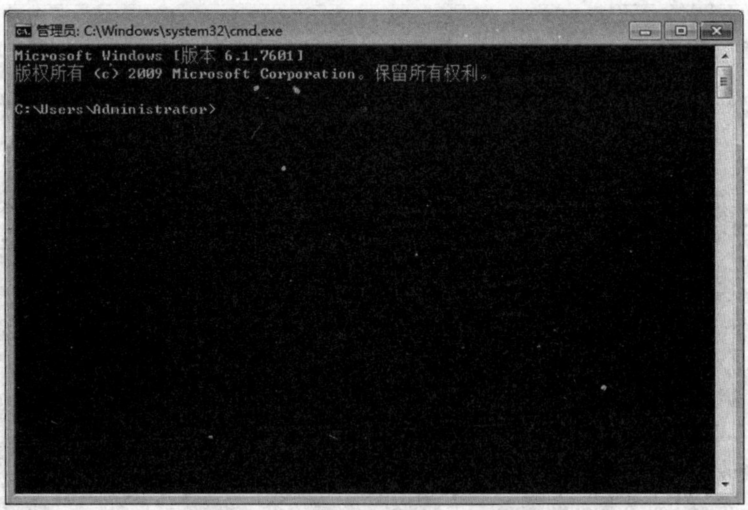


图 1-2 进入 MS-DOS 系统

在此系统方式下，输入 debug 命令后按【Enter】键，即可进入 debug 调试阶段，如图 1-3 所示。

图 1-3　进入 debug 程序调试

## 1.2　DEBUG 的主要命令使用

DEBUG 主要命令介绍如下：

（1）在图 1-3 的基础上，即在 DEBUG 提示符后输入字母“－a100”，按【Enter】键就会出现如图 1-4 所示的内容。

图 1-4　输入“－a100”命令后的结果

```
-a100
13C2: 0100
```

其中，13C2：0100 表示此时代码段的段地址为 13C2，偏移地址为 0100，不同的计算机所产生的段地址可能有所不同。

这表示在地址 13C2：0100 处，DEBUG 等待用户输入程序助记符，下面输入程序：

```
13C2: 0100    mov dl, 1
13C2: 0102    mov ah, 2
13C2: 0104    int 21
13C2: 0106    int 20
13C2: 0108
-
```

（2）在 DEBUG 的提示符后输入 g，这是执行程序的命令，然后按［Enter］键，就可以看到如图 1-5 所示的结果。

```
-g
☺
Program terminated normally
```

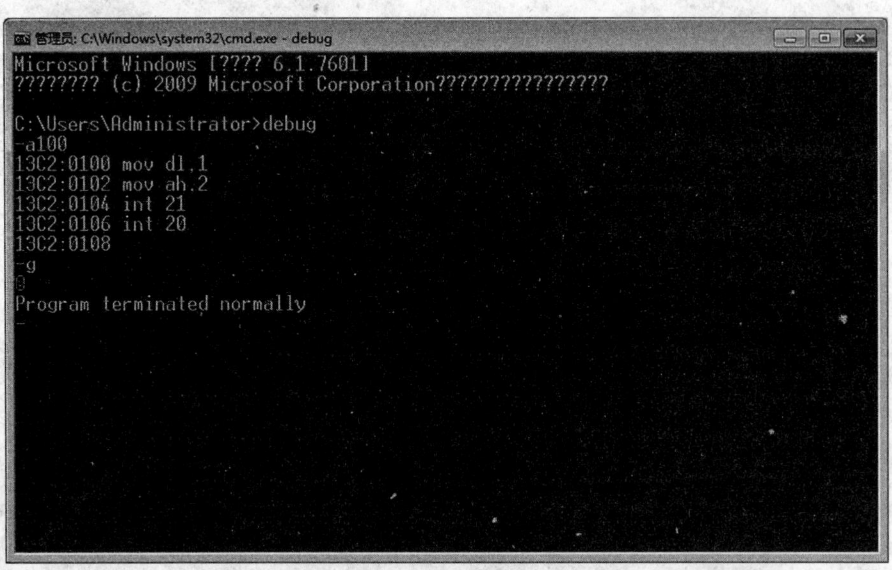


图 1-5　输入命令 g 后的执行结果

（3）用“d”命令查看内存单元当前段中 0100H ~ 010fH 的内容，如图 1-6 所示。

```
-d100, 10f
13C2: 0100   B2 01 B4 02 CD 21 CD 20 -00 00 00 00 00 00 00 00   .....!.........
```

在 0100H ~ 0107H 这 8 个单元内，为上述 4 条指令的机器码。例如，B201 为 mov dl，1 指令的机器码。右边的区域是组成程序的 ASCII 码等价字符，圆点表示不可显示字符。

（4）下面用反汇编命令来查看一下所输入的程序。“u”命令的格式是“u 起始地址，终止地址”，即把起始地址到终止地址之间的十六进制码反汇编成汇编语言助记符语句。输入：

```
-u100, 107
13C2: 0100 B201          MOV     DL, 01
13C2: 0102 B402          MOV     AH, 02
13C2: 0104 CD21          INT     21
13C2: 0106 CD20          INT     20
```

执行“u”命令后的结果如图 1-7 所示。

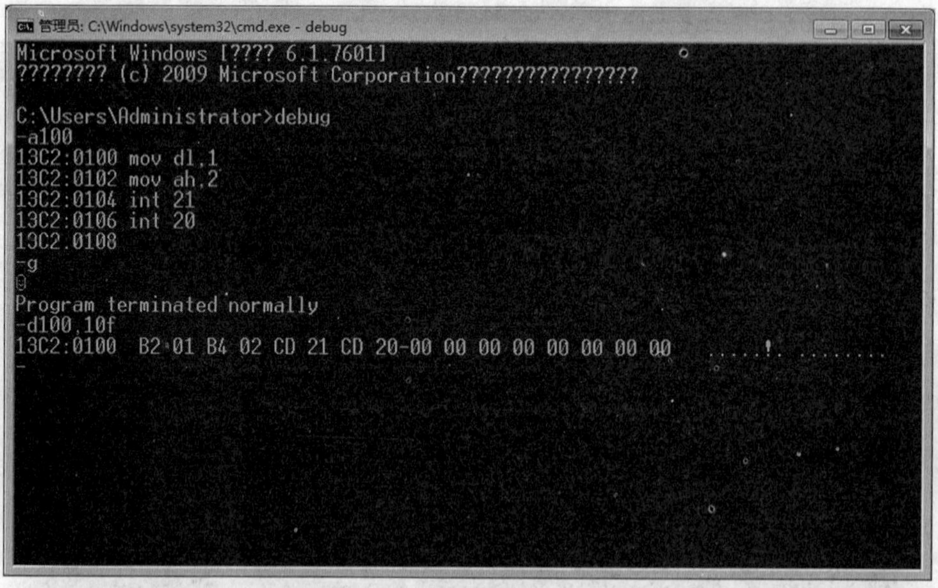


图 1-6　执行 d 命令

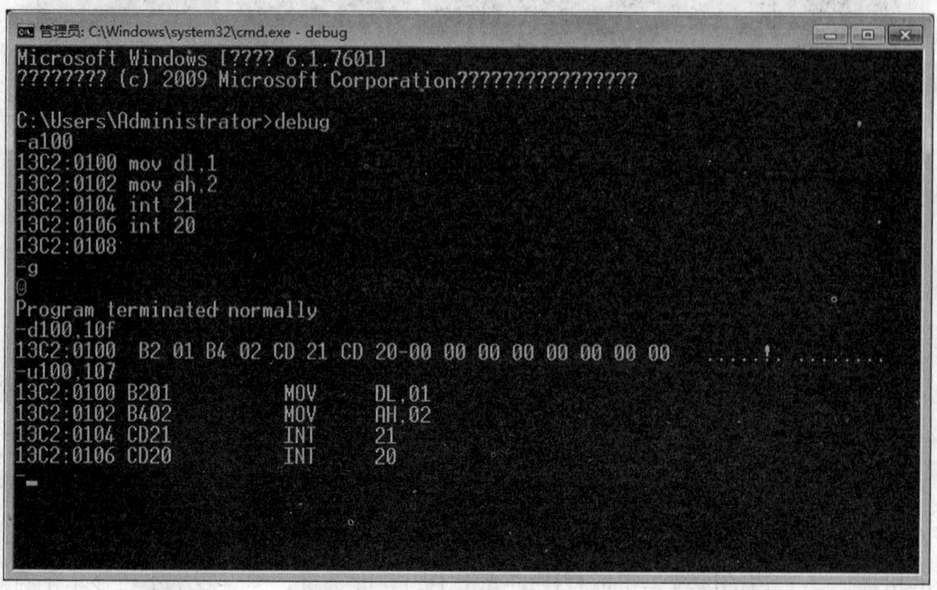


图 1-7　执行“u”命令后的结果

此时，不仅可看到地址和助记符，还可以看到与汇编语言等价的机器语言。

（5）现在修改存储单元0101H的内容，查看显示情况有何变化，如图1-8所示。

```
-e101
13C2:0101  01.41
-g
A
Program terminated normally
```

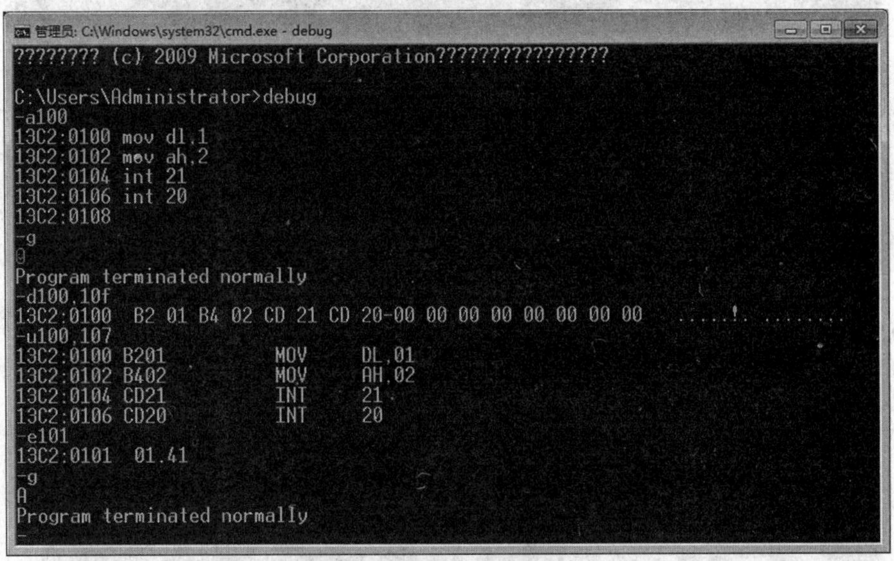


图1-8　查看存储单元内容

执行程序后显示的结果发生了变化，这是因为DOS的2号功能（显示输出）调用是在屏幕上显示dl中保存的ASCII码所对应的字符，这部分内容请参看配套主教材附录B。

（6）将程序命名为abc.com，并存盘。在debug的n命令后紧接着输入文件名及扩展名，如图1-9所示。

```
-nabc.com
-rbx
BX 0000
:
-rcx
CX 0000
: 8
-w
Writing 00008 bytes
```

因为文件的字节数必须事先放在BX和CX中，其中BX保存高16位，CX保存低16位，整个32位保存文件的字节数。一般来说，BX设置为0，因为CX可存放的字节数为64KB，对于一般的程序已足够。

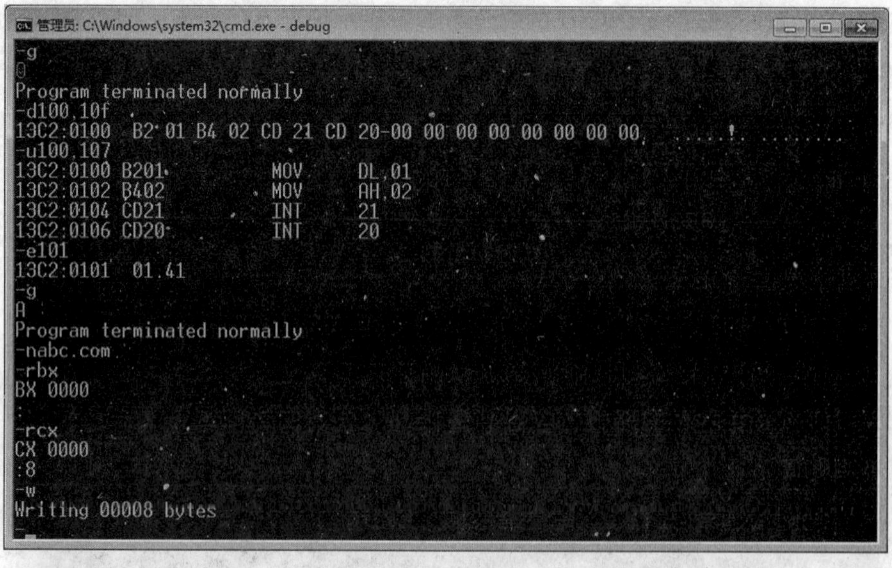


图 1-9　保存文件

（7）用 q 命令退出 DEBUG 程序，如图 1-10 所示。

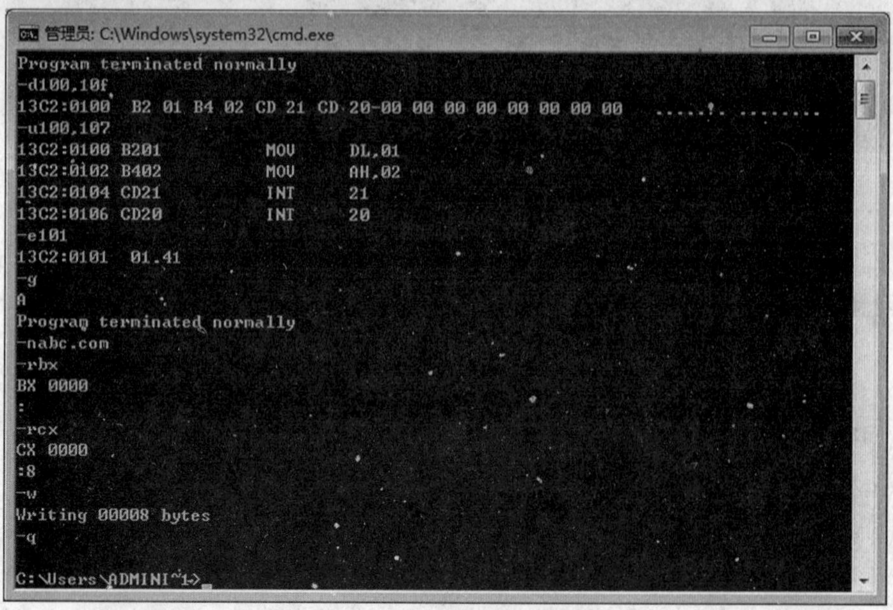


图 1-10　退出 DEBUG 程序

# 第 2 章　MASM 汇编语言程序设计

## 2.1　MASM 的使用

MASM 的使用方法如下：

（1）下载 MASM 压缩包，保存在 D 盘根目录下。

（2）解压压缩包，则在 D 盘生成 MASM 文件夹，该文件夹中的 MASM. EXE 文件和 LINK. EXE 文件是汇编与连接程序的两个主要文件，如图 2-1 所示。

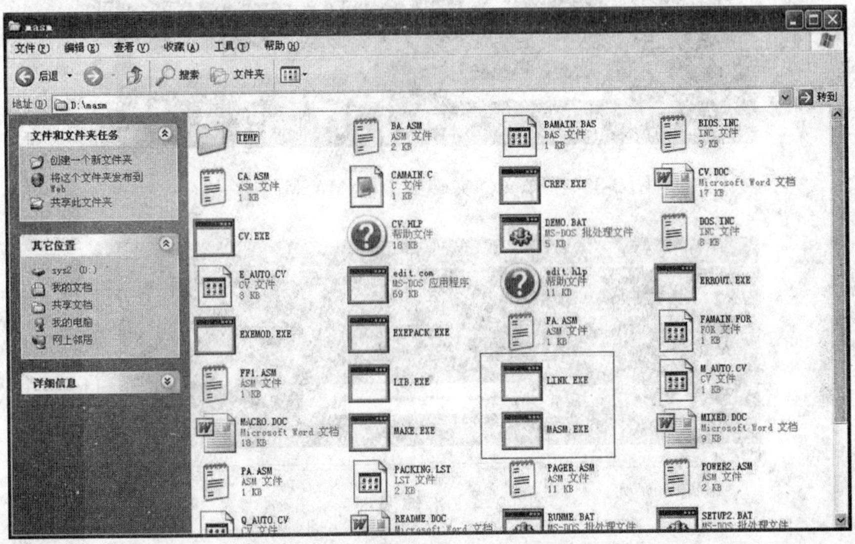

图 2-1　源程序 MASM 文件夹

（3）用记事本或其他文本编辑软件编辑源程序，并将源程序命名为 hello. asm（见图 2-2），将源程序文件存入 D 盘的 MASM 文件夹。

（4）进入控制台命令方式。单击“开始”按钮，在搜索框中输入 cmd 命令。

（5）通过 DOS 命令将工作文件夹转到 D 盘 MASM 文件夹。

```
D:
CD MASM
```

操作窗口如图 2-3 所示。

（6）用 MASM 汇编源程序：输入 masm hello. asm，对提示信息均按［Enter］键默认，若没有错误则生成 HELLO. OBJ 文件；若有错误则会指出错误在哪一行、错误类型，且不会生成目标文件，如图 2-4 和图 2-5 所示。

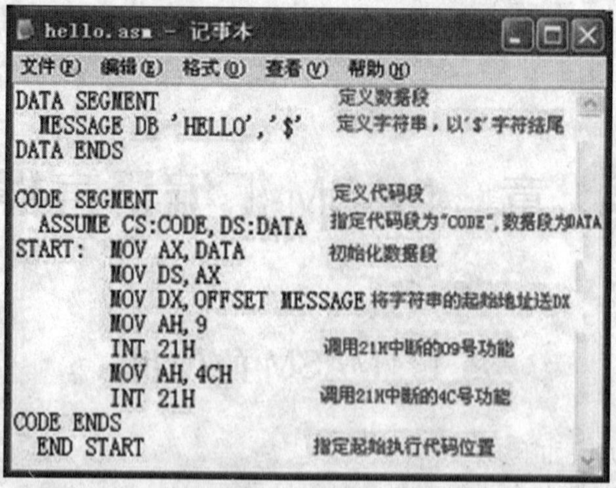


图 2-2　编辑源程序

图 2-3　工作文件夹转到 D 盘 MASM 文件夹

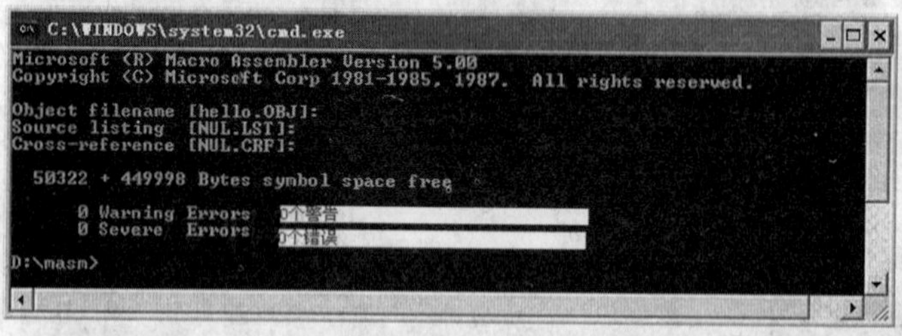


图 2-4　汇编源程序

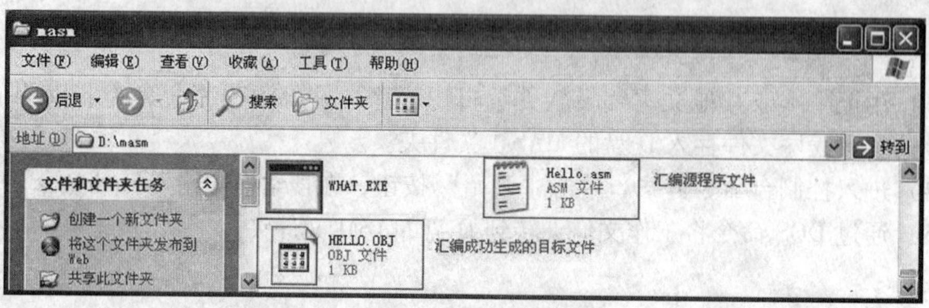


图 2-5　生成目标文件

（7）将目标文件连接成可执行文件：输入 link hello. obj，连接成功则生成 hello. exe 文件，这是最后的可执行文件，如图 2-6 所示。

（8）运行 hello. exe 可以看到运行的结果，如图 2-7 所示。

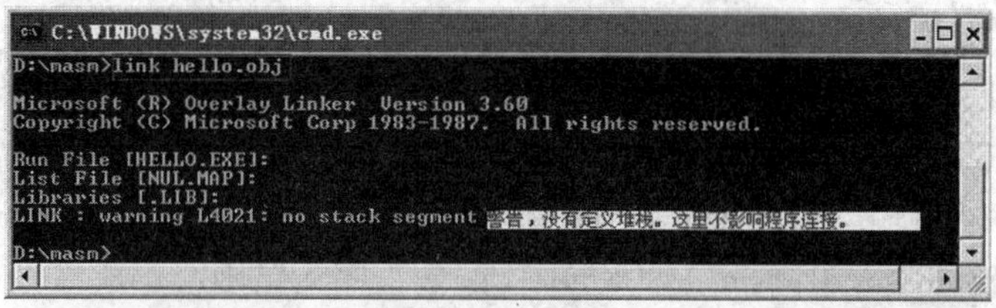


图 2-6　连接目标文件

图 2-7　运行 hello. exe 文件



# 2.2　顺序程序设计

1. 顺序程序设计的特点

（1）按照编写指令的次序顺序执行。

（2）每条指令执行一次。

（3）次序由 CS：IP 决定。

（4）流程图只有 START、过程方框、END。

2. 输出显示字符串

输出显示“HELLO WORLD”。

实验程序清单：

```
DATA        SEGMENT
MESSAGE     DB          'HELLO  WORLD', '$'
DATA        ENDS
CODE        SEGMENT
            ASSUME      CS: CODE, DS: DATA
START:      MOV         AX, DATA
            MOV         DS, AX
            MOV         DX, OFFSET MESSAGE
            MOV         AH, 9
            INT         21H
            MOV         AH, 4CH
            INT         21H
CODE        ENDS
END         START
```

3. 实验步骤

（1）编辑源代码：可在 . txt 文档中直接编写，程序编写完成后将其文件名改为

a1. asm，并保存在 MASM 文件夹所在的目录下。

（2）编辑 a1. asm 文件：在 DOS 下打开 masm 所在的目录。方法：单击“开始”按钮，在搜索框中输入 cmd 命令即可进入 DOS 系统，输入“d:”然后按【Enter】键，进入 D 盘根目录，然后输入 cd masm 命令，按【Enter】键可打开 D:\ masm 目录。打开文件目录后输入命令 masm a1. asm 按【Enter】键。程序无错则会生成文件 a1. obj，如图 2-8 所示。

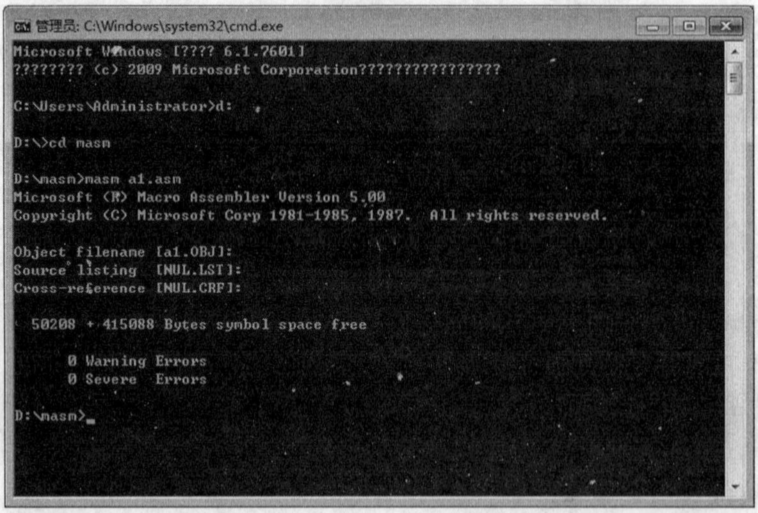


图 2-8　编译源文件

（3）链接 a1. obj 文件：生成的 . obj 文件并不是一个可执行文件，还需要经过 link 后生成 a1. exe 文件。在界面输入 link a1. obj 之后连续按三次【Enter】键，可以生成 . exe 文件，如图 2-9 所示。

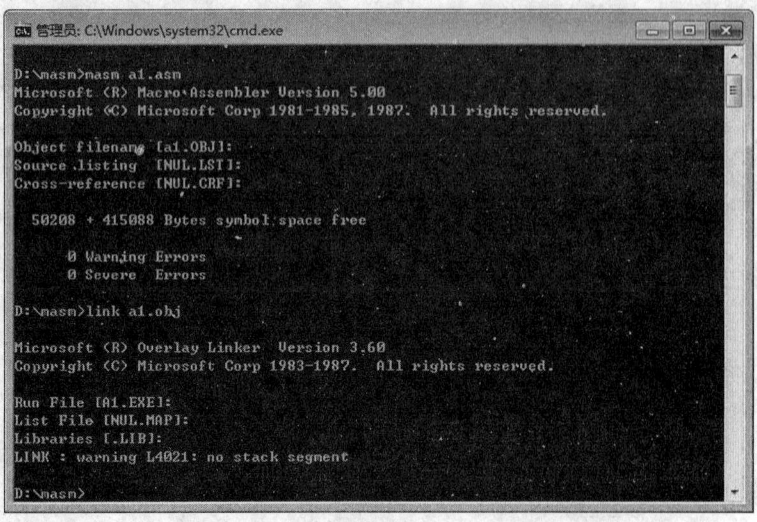


图 2-9　生成可执行文件

（4）运行可执行文件：本实验的结果是输出“HELLO　WORLD”，如图 2-10 所示。

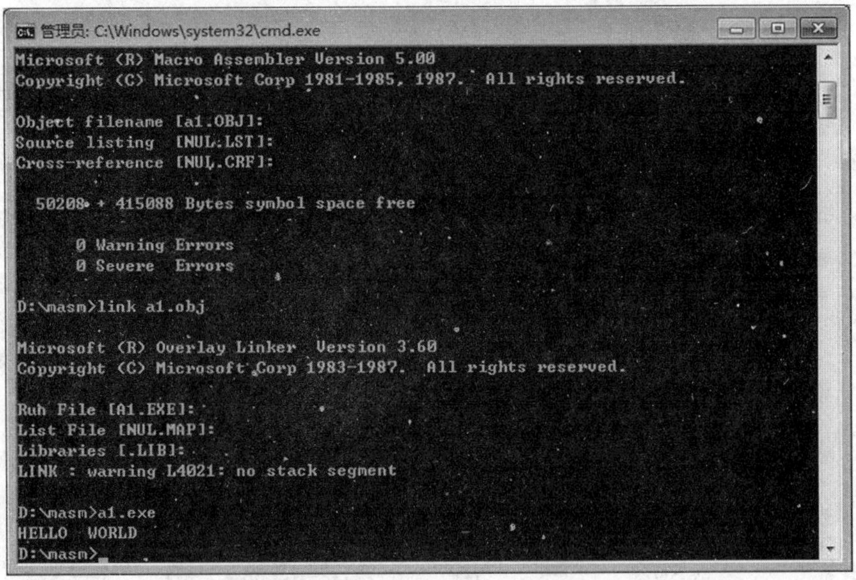


图 2-10　运行可执行文件

## 2.3　分支程序设计

1. 分支程序设计的特点

（1）指令执行时有选择地执行。

（2）程序中出现 JMP、JXX 时转移。

（3）程序流向可以是二分支和多分支。

（4）流程图必须有 START、选择菱形框、END。

2. 数组插值

设有地址为 BUFFER 的数组，已按升序排好，字组的长度为 $N$（=10），在该数组中查找数 $M$（=80），若找到它则从数组中删掉；若找不到将它插入正确的排序位置，DX 中记录数组最后的长度。

实验程序清单：

```
DATA      SEGMENT
BUFFER    DW          5, 10, 32, 47, 53, 77, 89, 106, 115, 124
N         DW          10
M         EQU         80
DATA      ENDS
CODE      SEGMENT
          ASSUME      CS: CODE, DS: DATA, ES: DATA
MAIN      PROC        FAR
START:    PUSH        DS
```

```
         SUB        AX, AX
         PUSH       AX
         MOV        AX, DATA
         MOV        DS, AX
         MOV        ES, AX
         MOV        AX, M
         MOV        CX, N
         MOV        DX, N
         MOV        DI, OFFSET BUFFER
         CLD
         REPNE      SCASW
         JE         DEL
         DEC        DX
         MOV        SI, DX
         ADD        SI, DX
L1:      CMP        AX, BUFFER [SI]
         JL         L2
         MOV        BUFFER [SI+2], AX
         JMP        L3
L2:      MOV        BX, BUFFER [SI]
         MOV        BUFFER [SI+2], BX
         SUB        SI, 2
         JMP        L1
L3:      ADD        DX, 2
         JMP        NEXT1
DEL:     JCXZ       NEXT
DEL1:    MOV        BX, [DI]
         MOV        [DI-2], BX
         ADD        DI, 2
         LOOP       DEL1
NEXT:    DEC        DX
NEXT1:   RET
MAIN     ENDP
CODE     ENDS
END      START
```

3. 实验步骤

实验步骤参考图 2-2。

# 2.4 循环程序设计

1. 循环程序设计的特点

（1）循环初态——循环过程中工作单元的初始值。

（2）循环体——程序中重复执行的部分。

（3）循环控制部分——控制循环的执行和结束。

（4）通过条件转移指令进行控制。

（5）循环可以嵌套。

2. 数制转换

缓冲区 BUFIN 中存放着一个多位的十六进制的 ASCII 码，每位十六进制数占 1 字节，高位在前（低地址端），低位在后（高地址端）。要求将这个 ASCII 码表示的十六进制数转换成二进制数。若 ASCII 码中出现非十六进制数时，程序结束；若转换过程中二进制数已超过 16 位，则给出错误标志，程序结束。最后，将转换结果存入内存单元。

程序清单如下：

```
STACK       SEGMENT     STACK
            DW          40H DUP (?)
TOP         LABEL       WORD
STACK       ENDS
DATA        SEGMENT
BUFIN       DB          5 DUP (?), '#'
BN          DW          ?
ERM         DB          00
DATA        ENDS
CODE        SEGMENT
            ASSUME      CS: CODE, DS: DATA, SS: STACK
START:      MOV         AX, DATA
            MOV         DS, AX
            MOV         AX, STACK
            MOV         SS, AX
            MOV         SP, OFFSET TOP
            XOR         DX, DX
            MOV         ERM, DL
            LEA         DI, BUFIN
AGAIN:      MOV         AL, [DI]
            INC         DI
            SUB         AL, 30H
            JB          HEX2
            CMP         AL, 09
```

```
            JBE         HEX1
            AND         AL, 5FH
            SUB         AL, 07
            CMP         AL, 10
            JB          HEX2
            CMP         AL, 15
            JA          HEX2
HEX1:       CBW
            CMP         DX, 1000H
            JNB         HH
            MOV         CL, 04
            SAL         DX, CL
            ADD         DX, AX
            JMP         AGAIN
HH:         MOV         ERM, 0FFH
HEX2:       MOV         BN, DX
            MOV         AH, 4CH
            INT         21H
CODE        ENDS
END         START
```

3. 实验步骤

实验步骤参考图 2-2。

## 2.5 子程序设计

1. 子程序设计的特点

（1）子程序需被主程序调用。

（2）子程序可嵌套。

（3）需正确进行参数传递。

（4）通过堆栈指令进行保护与恢复现场。

2. 调用子程序并查看栈顶内容

数据段中 3 个字符，调用子程序将其逐个显示出来。子程序的功能是显示一个字符。单步执行，对 CALL 语句和 RET 语句观察 SP、IP 的变化，并用 D 命令查看栈顶的内容。

程序清单如下：

```
DATA        SEGMENT
MAG         DB                  'ABC'
DATA        ENDS
```

```
CODE      SEGMENT
          ASSUME    CS: CODE, DS: DATA
START:    MOV       AX, DATA
          MOV       DS, AX
          MOV       SI, 0
          MOV       CX, 3
LL:       MOV       DL, MAG [SI]
          CALL      MADD
          INC       SI
          LOOP      LL
          MOV       AH, 4CH
          INT       21H
MADD      PROC
          MOV       AH, 02H
          INT       21H
MADD      ENDP
CODE      ENDS
END       START
```

3. 实验步骤

实验步骤参考图 2-2。

# 第 3 章 基于 EMU8086 的汇编程序设计

## 3.1 EMU8086 软件简介

EMU8086 是学习汇编语言必不可少的工具，是由 Digital River 公司推出的 16 位 8086 CPU 仿真软件，它将汇编程序设计与虚拟接口技术有机地结合起来，其内部集合了汇编程序编译器、连接器、参考例程、学习指南，并且提供了交通灯、机器人、步进电动机等虚拟实验平台，用于对用户代码功能的验证。EMU8086 软件可以在 Windows 环境下运行，界面由菜单栏、快捷按钮栏和用户工作区构成，它能模拟真实微处理器工作的每一个步骤，通过单步调试显示指令执行后 CPU 内部寄存器、存储器、堆栈、变量和标志寄存器的当前值，操作简单直观，通过学习它可以很快掌握汇编程序设计和接口技术等知识。这个模拟器是在一台"虚拟"的计算机上运行程序的，它拥有自己独立的"硬件"，这样程序就同诸如硬盘与内存这样的实际硬件完全隔离开，动态调试（DEBUG）时非常方便。8086 的机器代码同 Intel 下一代微处理器完全兼容，包括 Pentium II 和 Pentium 4，这意味着 8086 代码具有很广泛的应用范围。8086 指令的另外一个优点是它的指令集非常小，这样学起来会容易得多。EMU8086 同主流汇编程序相比，语法简单得多，但是它能生成任何能兼容 8086 机器语言的代码。

## 3.2 EMU8086 软件安装

EMU8086 软件的安装步骤如下：

（1）首先对安装包进行解压，解压完成后选择 EMU8086 安装程序 Setup. exe，进入如下的安装环节，如图 3-1 所示。

（2）单击 Next 按钮进入安装界面（二），如图 3-2 所示。

（3）单击 Next 按钮进入安装界面（三），如图 3-3 所示。

（4）选择软件安装路径。读者可根据自己的实际情况选择安装路径，然后单击 Next 按钮进入安装界面（四），如图 3-4 所示。

（5）单击 Next 按钮进入安装界面（五），如图 3-5 所示。

（6）单击 Install 按钮，开始安装 EMU8086。安装完成后，单击 Finish 按钮结束安装。如图 3-6 所示。

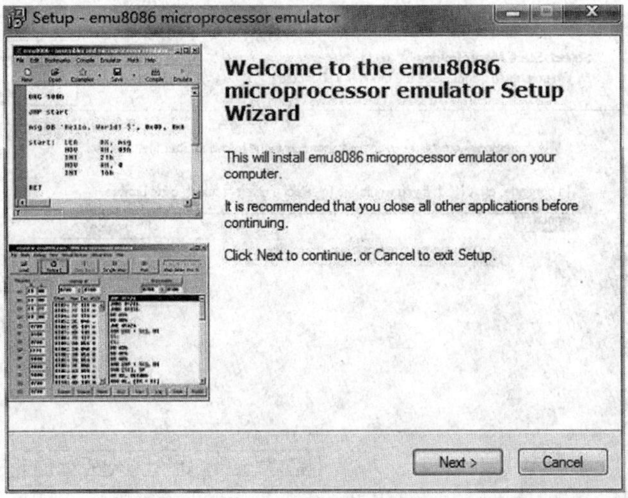

图 3-1　安装界面（一）

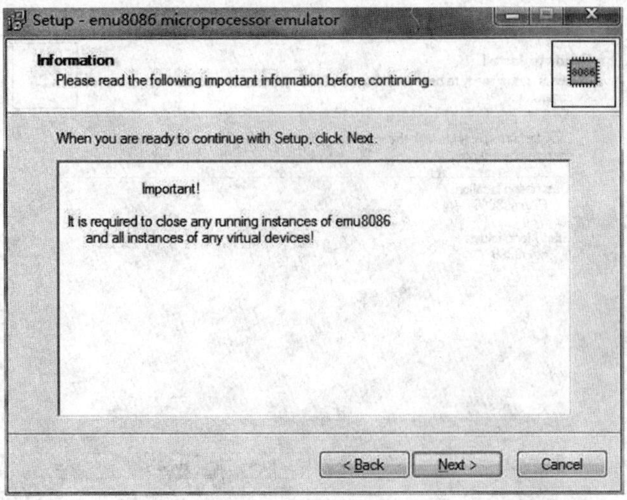

图 3-2　安装界面（二）

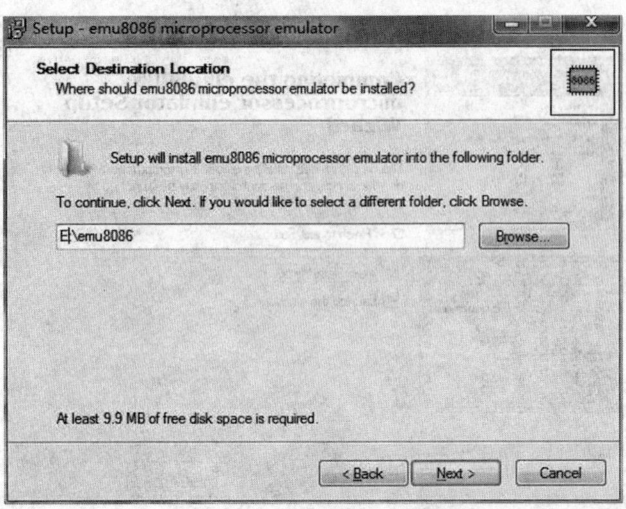

图 3-3　安装界面（三）

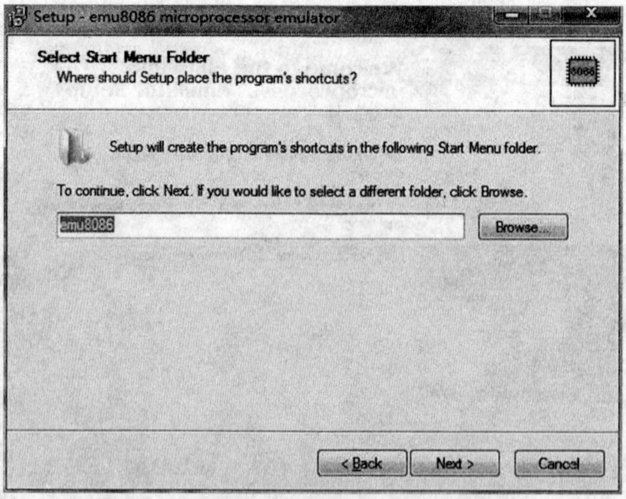


图 3-4　安装界面（四）

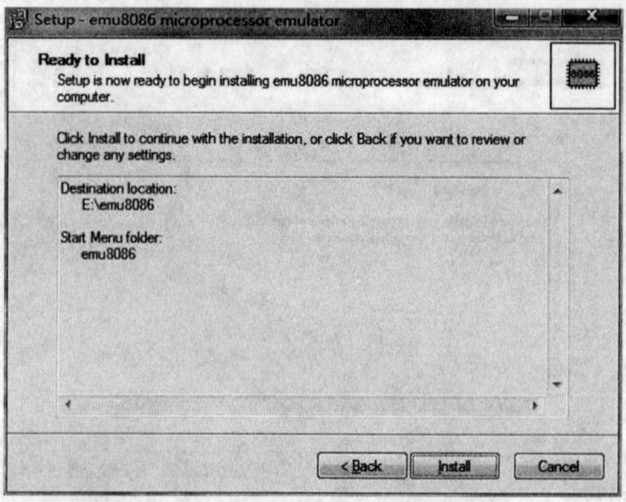


图 3-5　安装界面（五）

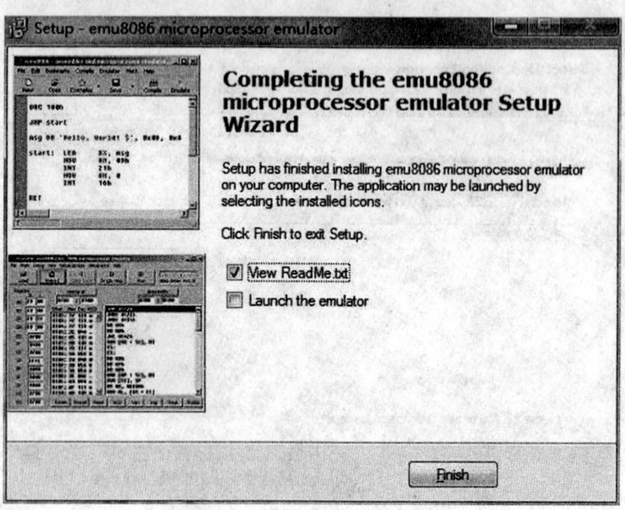


图 3-6　安装界面（六）

## 3.3 EMU8086 的使用

程序启动后首先进入 EMU8086 的欢迎对话框，有 new、code examples、quick start tutor 和 recent files 四个选项，分别为“新建汇编程序”“代码示例”“快速开始帮助文档”和“最近编辑文档”，如图 3-7 所示。

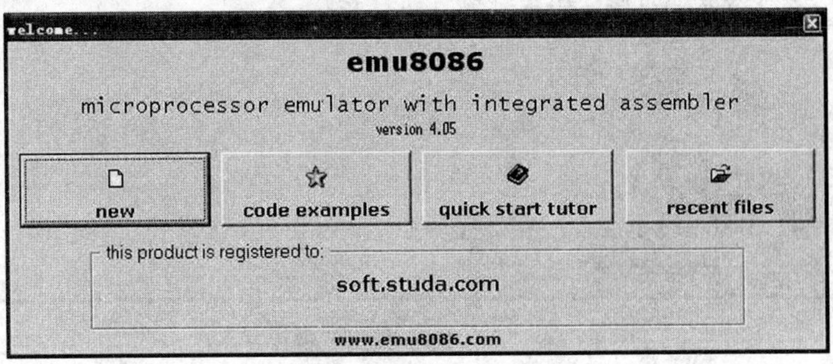


图 3-7 EMU8086 欢迎对话框

单击 new 按钮，进入程序类型选择对话框，如图 3-8 所示。

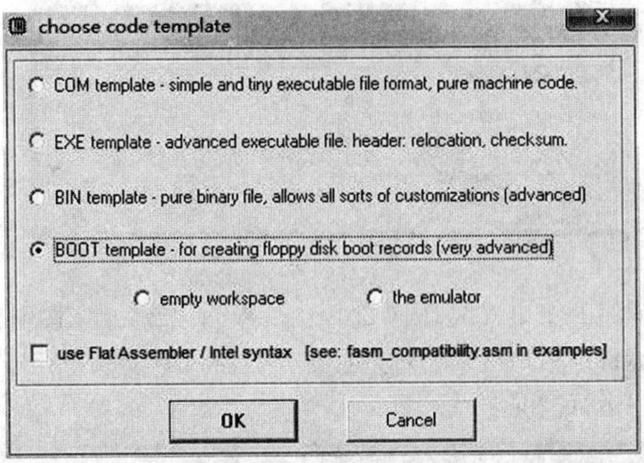


图 3-8 程序类型选择对话框

其中各选项说明如下：

（1）COM template：适合简单的程序段，从代码段的偏移地址为 1000H 处开始存放指令。

（2）EXE template：适合完整的可执行程序代码的编写。

（3）BIN template：由于不能正确地解释伪指令，所以在微机实验中不用此选项。

（4）BOOT template：用于创建一个软盘引导记录，不常用。

读者在编写自己的汇编代码时，直接跳过程序类型选择，快速进入程序编写窗口，进入编程环节。编辑窗口如图 3-9 所示。

在工具栏中，单击 Compile 按钮对用户写好的代码进行编译，随后对其语法进行判断，检查是否有语法错误。若无语法错误，可以进行保存，输入保存文件名，选择保存路径即可。

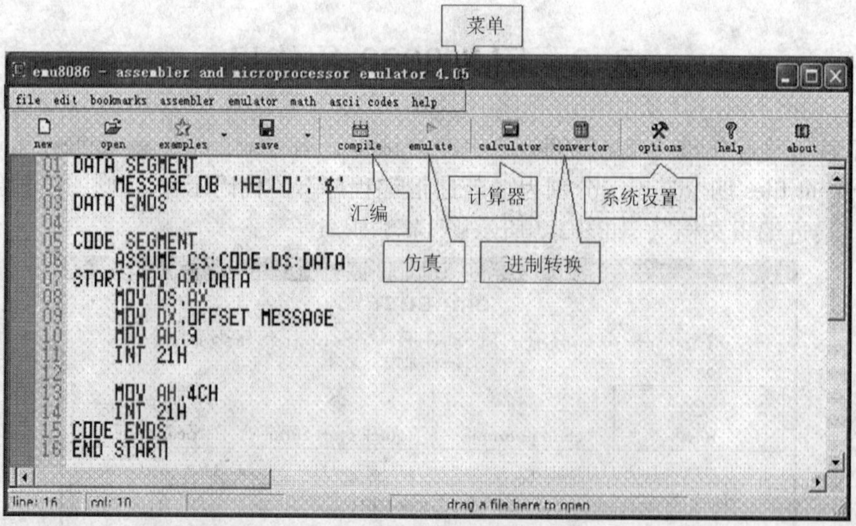


图 3-9　EMU8086 代码编辑窗口

在编译完成后，单击 emulate 按钮，对生成的文件进行模拟运行，即提供一个 8086 的处理器环境，然后进行程序的调试、运行并查看结果，如图 3-10 所示。

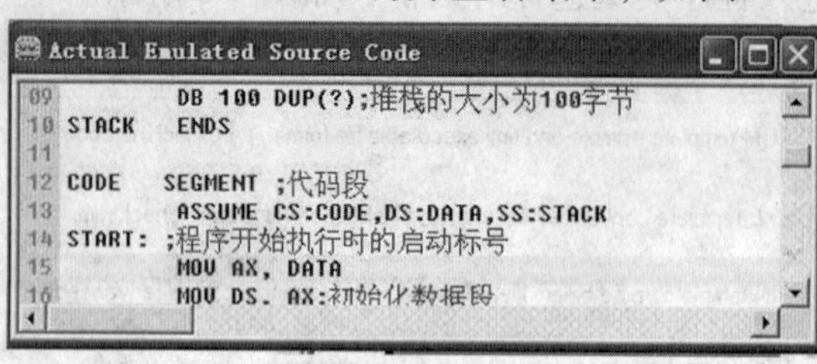


图 3-10　实际源文件窗口

在调试、运行程序的窗口（见图 3-11）中，单击“运行”按钮，代码在 EMU8086 的仿真环境下开始运行，用户可以通过查看寄存器窗口来读取寄存器的值，同时通过反汇编窗口去监测程序运行情况。

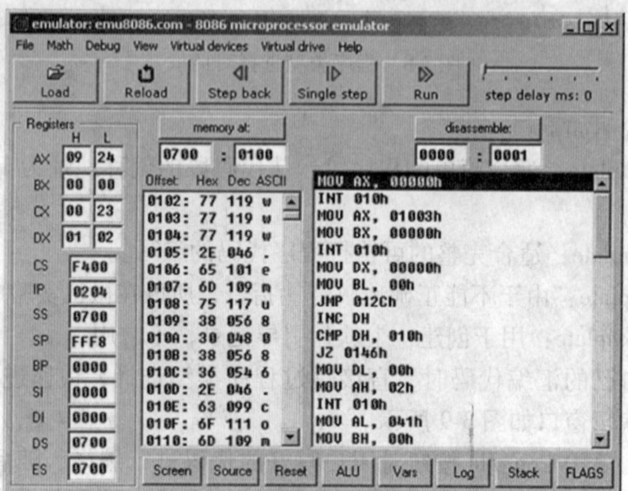


图 3-11　调试、运行程序窗口

## 3.4 EMU8086 实验例程

在数据表 DATA1 中存放数据 0xf865，在数据表 DATA2 中存放数据 0x000C，现编写程序使得两个数据表中的数据相加，存入偏移地址为 0x2800 的单元中。

实验代码如下：

```
DSEG        SEGMENT 'DATA'
DATA1       DW                      0F865H
DATA2       DW                      000CH
DSEG        ENDS
CSEG        SEGMENT 'CODE'
ASSUME      CS: CSEG, DS: DSEG
START:      MOV                     AX, DSEG
            MOV                     DS, AX
            MOV                     AX, DSEG
            MOV                     ES, AX
            LEA                     SI, DATA1
            MOV                     AX, DATA1
            ADD                     AX, DATA2
            MOV                     [2800H], AX
            HLT
CSEG        ENDS
END         START
```

首先，源代码输入 EMU8086 的代码编译窗口，进行编译，检查是否有语法错误，如图 3-12 所示。编译通过后，无错误提醒。

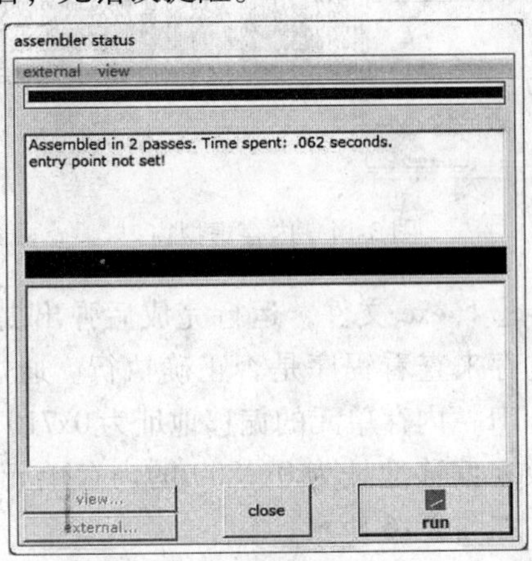


图 3-12　编译结果窗口

保存编译通过后的 EXE 文件，将文件名改为 Test_ 1，保存在 E: \ emu8086 \ MyBu-

第❸章　基于EMU8086的汇编程序设计

lid 的目录下，如图 3-13 所示。

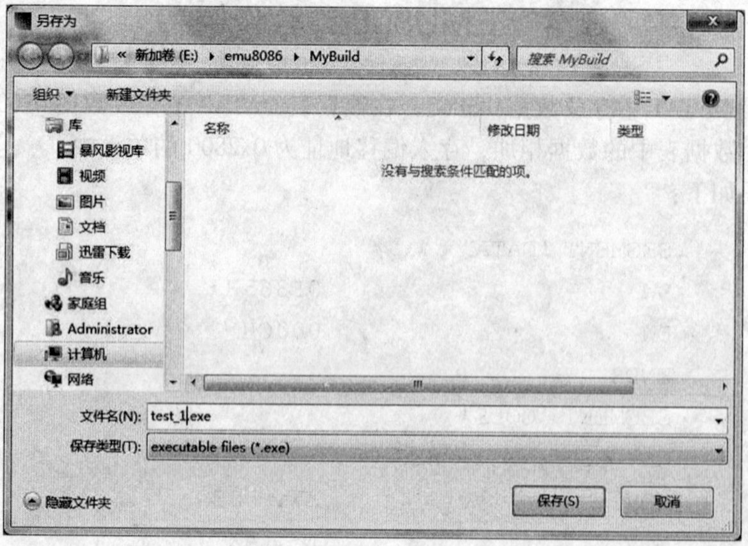


图 3-13　编译后可执行文件保存

在进行编译之后，必须对可执行文件进行保存，这样才能够提供 EMU8086 软件一个可仿真的资源，单击“保存”按钮。保存完成后，EMU8086 自动弹出内存虚拟窗口（见图 3-14），单击编译结果窗口中的 Run 按钮。

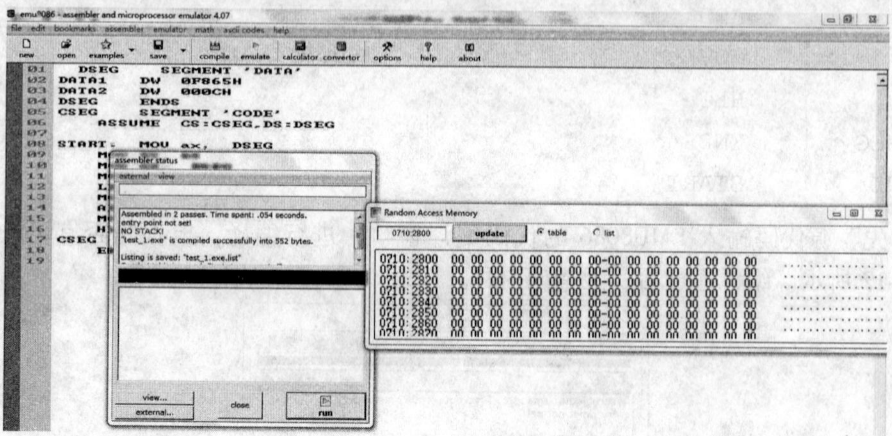


图 3-14　内存虚拟窗口

EMU8086 开始运行 Test_ 1. exe 文件，运行完成后弹出提示框告知用户，程序执行完毕。用户可以通过查询内存来查看程序是否正确执行。通过查看，左边的寄存器表，发现 SS＝0710，所以［2800H］内存单元的偏移地址为 0x710，如图 3-15 所示。

在本例程中，结果存放在偏移地址为 0x2800 的内存单元中，通过虚拟内存查看窗口，查看该内存单元的值，如图 3-16 所示。

在左上角输入 0710：2800，表示该单元的基址为 0x7100，偏移地址为 0x2800，单击 update 按钮，可以看到 DATA1 与 DATA2 的和为 0xf871，存在 0710：2800 与 0710：2801 的两个单元中。

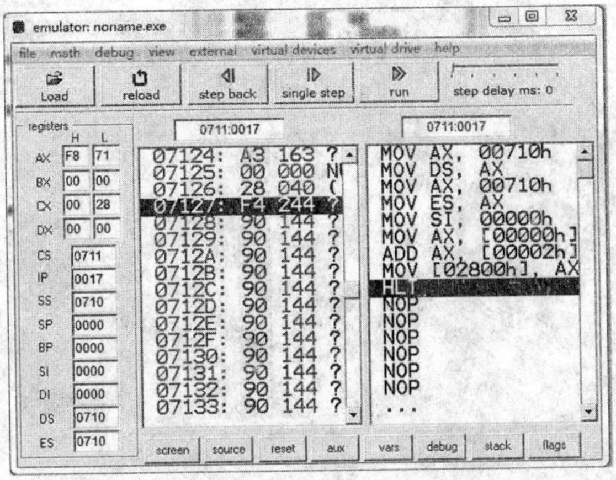


图 3-15　程序执行完成窗口提示

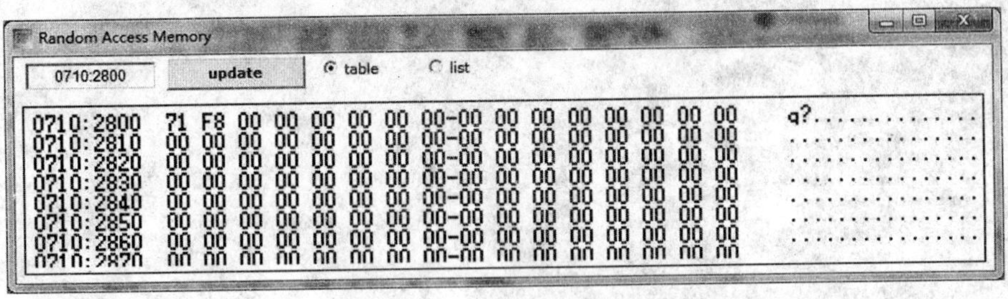


图 3-16　查看虚拟内存窗口

# 第二部分

# 微机接口实验

本部分是为 8088 微机原理及接口实验系统编写的详细实验指导，所提供的全套实验是为微机原理与接口技术课程配置的，详细叙述了各实验的实验目的、实验原理、实验内容、实验原理图和软件框图、软件清单以及实验步骤。减轻和免除了主讲教师和实验指导老师为设计、准备、调试实验线路和实验程序所需的工作量，节约了宝贵的时间，提高了教学效率。

# 第 4 章 实验平台简介及系统安装

## 4.1 实验平台简介

（1）用主频为 4.77 MHz 的 8088 CPU 为主 CPU，并以最小工作方式构成系统。

（2）提供标准 RS232 异步通信接口和 USB 即插即用通信接口，以连接计算机。

（3）系统以一片 62256 静态 RAM 构成系统的 32K 基本内存，地址范围为 00000H ~ 07FFFH。其中，00000H ~ 004FFH 为系统数据区，00500H ~ 00FFFH 为用户数据区，01000H ~ 07FFFH 为用户程序区。

（4）备有通用外围电路，包括逻辑电平开关电路、发光二极管显示电路、时钟电路、单脉冲发生电路、继电器及驱动电路、直流电动机转速测量及控制驱动电路、步进电动机及驱动电路、电子音响及驱动电路、模拟电压产生电路。

（5）配置 4 × 4 矩阵键盘，8 个动态数码管显示器。

（6）提供各种微机常用 I/O 接口芯片：包括定时/计数器接口芯片（8253A）、并行接口芯片（8255）、A/D 转换芯片（0809）、D/A 转换芯片（0832）、2 片中断控制器接口芯片（8259A）、经典键盘显示接口芯片（8279A）、DMA 控制器 8237A、串行通信接口芯片（8251A）等。

（7）配备主从方式 USB 接口电路，方便学生进行 USB 接口应用软硬件实验。

（8）配备 RS232/485 通信接口电路。

（9）扩展有新型串行通信接口电路 16C550、16 × 16 点阵 LED 显示电路、自带 T6963C 控制器的 128 × 64 图形液晶显示器、串行时钟电路 PCF8563、串行存储器 93C46、串行 A/D TLC549 和串行 D/A TLC5615 转换电路、串行键盘显示控制器 ZLG7290、一总线温度传感器 18B20、看门狗（把关定时器）电路等。

（10）电路设计中增加保护措施，有效避免学生因错接而损坏器件。

（11）实验电路连接采用自锁紧插座及导线，消除接触不良现象。

（12）工作电源电压 ±5 ×（1 ±5%）V，±12 ×（1 ±5%）V，工作电流不大于 1 A，开关机瞬间及工作正常时电源电压纹波必须小于 0.5 V。

（13）配备中文 Windows 界面调试软件及实验演示软件。

（14）系统可以单步、断点、连续等方式调试运行各实验程序。

（15）使用环境：环境温度 0℃ ~ +40℃，无明显潮湿，无明显振动碰撞。

8088 有 1MB 存储空间，系统提供给用户使用的空间为 00000H ~ 0FFFFH，用于存放调试实验程序，具体分配如表 4-1 所示。

**表 4-1　8088 实验系统存储资源分配表**

| 系统分区 | 地址空间 |
| --- | --- |
| 中断矢量区 | 00000H ~ 000FFH |
| 系统数据区、系统栈区 | 00100H ~ 004FFH |
| 用户数据区 | 00500H ~ 00FFFH |
| 用户程序区、用户栈区 | 01000H ~ 07FFFH |

中断矢量区 00000H ~ 00013H 作为单步（T）、断点 INT3、无条件暂停（NMI）中断矢量区，用户也可以更改这些矢量，指向用户的处理，但失去了相应的单步、断点、暂停等系统功能。

8088 系统输入/输出接口地址的分配如表 4-2 所示。

**表 4-2　系统输入/输出接口地址分配表**

| 电路名称 | 口地址 |
| --- | --- |
| 提供给用户的扩展口 | Y0：000H ~ 00FH　Y6：060H ~ 06FH　Y7：070H ~ 07FH |
| 8253A 定时/计数器接口 | 通道 0 计数器 048H、通道 1 计数器 049H<br>通道 2 计数器 04AH、通道 3 计数器 04BH |
| 单级 8259A 中断控制器接口或译码输出 CS6 | 命令寄存器 020H、状态寄存器 021H |
| 8279A 键盘显示口或译码输出 CS5 | 数据口 0DEH、命令状态口 0DFH |
| 8251A 串行接口 | 数据口 050H、命令口 051H |

实验系统总体原理框图如图 4-1 所示。

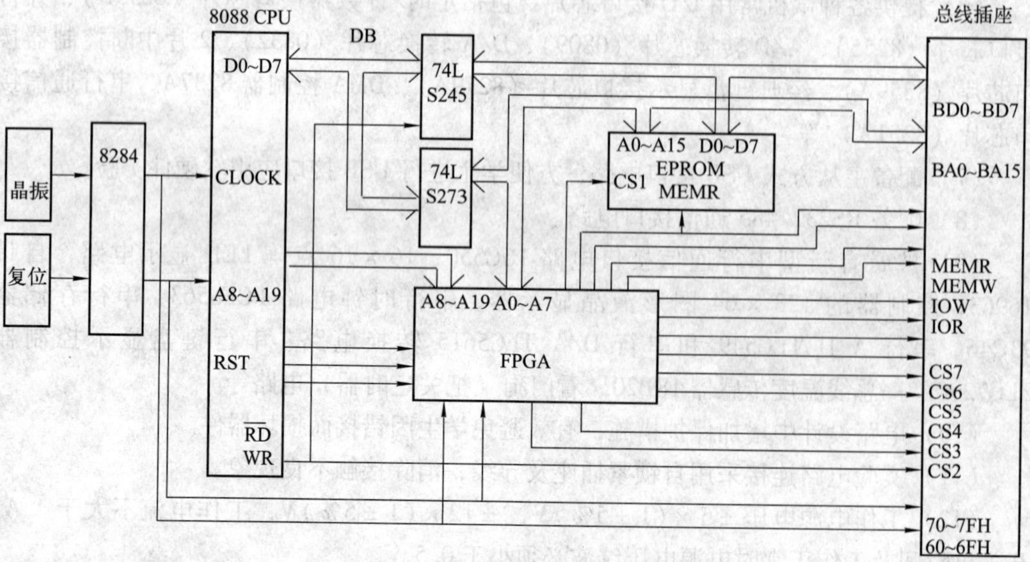


图 4-1　实验系统总体原理框图

8088 实验系统中设计了一系列实验所必需的通用外围电路：包括逻辑电平开关电路、发光二极管显示电路、时钟电路、单脉冲发生电路、继电器及驱动电路、直流电动机及驱动电路、步进电动机及驱动电路、电子音响及驱动电路、模拟电压产生电路；另外，系统中设计了系统总线扩展插座。

（1）逻辑电平开关电路（有些机型上是独立模块）。该系统提供8个逻辑电平开关，每一个输出端有一插孔，分别标有K1～K8。开关向上打时，输出高电平“1”，向下时输出低电平“0”。

（2）发光二极管显示电路（有些机型上是独立模块）。实验系统提供有8个发光二极管，其输入端有8个插孔，分别标有L0～L7，它对应1～7个发光二极管。输入端为高电平“1”时，发光二极管亮；输入端为低电平“0”时，发光二极管灭。

（3）时钟电路。1 MHz～1 Hz时钟信号分7档输出，T1-1MHz、T2-500kHz、T3-100kHz、T4-10kHz、T5-1kHz、T6-100Hz、T7-1Hz，供0809A/D转换器、8253A定时器/计数器、8250A串行接口实验使用。

（4）单脉冲发生电路。采用RS触发器产生正负单脉冲。实验者每按一次AN按钮，即可以从两个插座上分别输出一个正脉冲SP及负脉冲SP，供“中断”、“DMA”、定时器/计数器等实验使用。

（5）继电器及驱动电路。现代自动化控制设备中都存在一个电子与电气电路的互相连接问题。一方面要使电子电路的控制信号能够控制电气电路的执行元件（电动机、电磁铁、电灯泡等）；另一方面又要为电子电路的电气设备提供良好的电隔离，以保护电子电路和人身的安全。电子继电器便能完成这一桥梁作用。

实验系统上设有一个+5 V直流继电器及相应的驱动电路，当其开关量输入端JIN插孔输入数字电平“1”时，继电器动作，常开触点闭合、常闭触点断开。通过相应的实验使学生了解开关量控制的一般原理。

（6）直流电动机及驱动电路（有些机型上是独立模块）。系统中设计有一个+5 V直流电动机及相应的驱动电路。小直流电动机的转速是由加到其输入端DJ的脉冲电平及占空比来决定的，正向占空比越大转速越快，反之越慢。驱动电路输出接直流电动机。

（7）步进电动机及驱动电路（有些机型上是独立模块）。步进电动机是工业控制及仪表中常用的控制元件之一，它有输入脉冲与电动机轴转角成比例的特征，在智能机器人、软盘驱动器、数控机床中广泛使用，微计算机控制步进电动机最适宜。系统中设计使用20BY-0型号步进电动机，它使用+5 V直流电源，步距角为18°，电动机线圈由四相组成，即A、B、C、D四相。驱动方式为二相激磁方式，各线圈通电顺序表如表4-3所示。驱动器输出BDJ-A～D接步进电动机。

（8）电子音响及驱动电路。音响电路的控制输入插孔为SIN，控制输入信号经晶体管放大后接扬声器。

（9）模拟信号电平产生电路。系统中提供1路0～5 V模拟电压信号$V_{out}$，供A/D转换实验时用。

**表4-3　步进电动机驱动相位表**

| 相顺序 | $\phi 1$ | $\phi 2$ | $\phi 3$ | $\phi 4$ |
|---|---|---|---|---|
| 0 | 1 | 1 | 0 | 0 |
| 1 | 0 | 1 | 1 | 0 |
| 2 | 0 | 0 | 1 | 1 |
| 3 | 1 | 0 | 0 | 1 |

（10）总线扩展插座 J88（只对一体化机型）。采用 40 芯双排插座，引出数据总线 D0 ~ D7、地址总线 A0 ~ A15、存储器读写信号 MEMR、MEMW、I/O 读写信号 IOW、IOR、复位 RST、时钟 CLK、电源 $V_{CC}$、地 GND 等，供扩展实验电路用。

（11）模块接口插座 JKZ0 和 JKZ1（对模块化机型）。JKZ0 采用 20 芯双排座，引出数据总线 D0 ~ D7、地址总线 A0 ~ A2、I/O 读写信号 IOW、IOR、复位 RST、时钟 CLK、中断应答信号 INTA 和 INTR、电源 $V_{cc}$、地 GND 等，供模块电路用。

JKZ1 采用 20 芯双排座，引出地址总线 A3 ~ A15、存储器读写信号 MEMR、MEMW、电源 $V_{cc}$、地 GND 等。

（12）一组典型门电路和复位电路（对模块化机型）。包含一个与门、一个或门、两个非门、一个触发器、一个复位电路，输出一个高电平复位信号 RST 和一个低电平复位信号 $\overline{RST}$，供部分接口器件用。

8088 CPU 系统板插头座和按键定义：

（1）J_ USB（USB）：8088 部分 USB 通信接口，用于和计算机联机通信，调试用户实训程序。

（2）RS232：8088 部分串行通信插座，用于和计算机联机通信，调试用户实训程序。

如果选择串口通信，就用专配的一根 3 芯电缆线一头插到 RS232 插座上，另一 9 芯头插到计算机的串口上；如果选择 USB 通信，就用专配的 USB 通信线把它连到计算机的 USB 插座上。使用时只能选择其中一种通信方式。

（3）跳线器或开关：当选择 USB 通信时，跳线或开关拨在 USB 侧；当选择 RS232 通信时，跳线或开关拨在 RS232 侧。

（4）复位按钮 RESET：8088 系统复位按钮。每次要重新联机时，需要按一次。

## 4.2 8088 实验系统安装

自己建一个相应目录，将随机携带的光盘里的内容全部复制到计算机里。

本系统为板式结构，安装前先对照装箱单仔细检查实验板硬件配置是否齐全，运输过程中有无损坏。如果一切完好，即可着手安装。

实验系统所需 ±5 V、±12 V 电源系统自带，实验系统所需各路电源的电流如下：+5 V 不小于 1 A，+12 V 不超过 0.5 A，−12 V 不超过 0.5 A。

安装步骤：

（1）将出厂时提供的交流电源线一头插到实验箱后面的插座内，另一头接入 220 V 交流电。

（2）将 8088 CPU 板插入主板扩展接口区的 J88 插座内。

（3）如果用 USB 通信，先安装 USB 驱动程序 USB_ DRV；然后将出厂时提供的 USB 通信电缆一头接入计算机的任一 USB 插座上，另一头接入实验系统 J_ USB 座上；打开实验箱电源，计算机显示找到新设备，让系统自己找驱动程序并安装。安装完后，到计算机的控制面板→系统→硬件→设备管理器→端口中确认一下 USB 转串口的 COM 端口号，建议设在 COM2 上。

如果用 RS232 通信，将出厂时提供的 RS232 通信电缆一端插入实验系统 3 芯插座 RS232 上，另一头 9 芯 D 型插头插入主机 COM1 ~COM4 的任一插座上。COM1、COM2、COM3 或 COM4 的选择原则是：该通信口必须能正常工作，且与通信电缆提供的插头匹配。

（4）打开实验箱上的电源开关，系统加电，电源指示灯亮，指示实验系统进入工作状态。

上述步骤完成后，实验箱软硬件正确安装完毕。如果发现错误，应按上述步骤找出原因加以解决或与厂方联系。

# 第 5 章　实验指导

本章是为 8088 微机原理及接口实验系统编写的详细实验指导，所提供的全套实验是为微机原理、微机接口应用、计算机控制技术等课程配置的。书中详细叙述了各实验的实验目的、预备知识、实验内容、实验流程框图、实验软件参考程序和实验步骤，减轻和免除了主讲教师和实验指导教师为设计、准备、调试实验线路和实验程序所需的工作量，节约了宝贵的时间，提高了教学效率。

本书中所有软硬件都已经过调试运行，需特别说明以下几点：

（1）实验用源程序（.ASM）在 8HASM 子目录中，可执行文件（.EXE）在 8HEXE 子目录中。

（2）实验原理图上的粗实线，表示用户在实验时要用导线连接起来。

（3）所有实验都是相互独立的，次序上也没有固定的先后关系，在使用本系统进行教学时，教师可以根据本校（院）的教学要求，选择相应的实验。

（4）实验 1 中联机状态下的实验步骤有详细的说明，以后实验的实验步骤比较简单，参照实验 1 即可。

## 实验 1　使用 ADC0809 的 A/D 转换实验

1. 实验目的

（1）加深理解逐次逼近法模-数转换器的特征和工作原理。

（2）掌握 ADC0809 的接口方法以及 A/D 输入程序的设计和调试方法。

2. 预备知识

逐次逼近法 A/D 也称逐次比较法 A/D。它由结果寄存器、D/A、比较器和置位控制逻辑等部件组成，如图 5-1 所示。

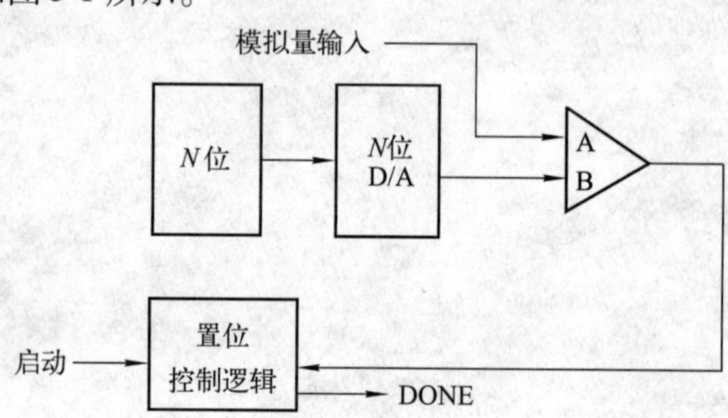


图 5-1　逐次逼近法 A/D 流程图

3. 实验内容

（1）实验原理：

本实验采用 ADC0809 做 A/D 转换实验。ADC0809 是一种 8 路模拟输入、8 位数字输出的逐次逼近法 A/D 器件，转换时间约 100 μs，转换精度为 ±1/512，适用于多路数据采集系统。ADC0809 片内有三态输出的数据锁存器，故可以与 8088 微机总线直接接口。实验原理图如图 5-2 所示。

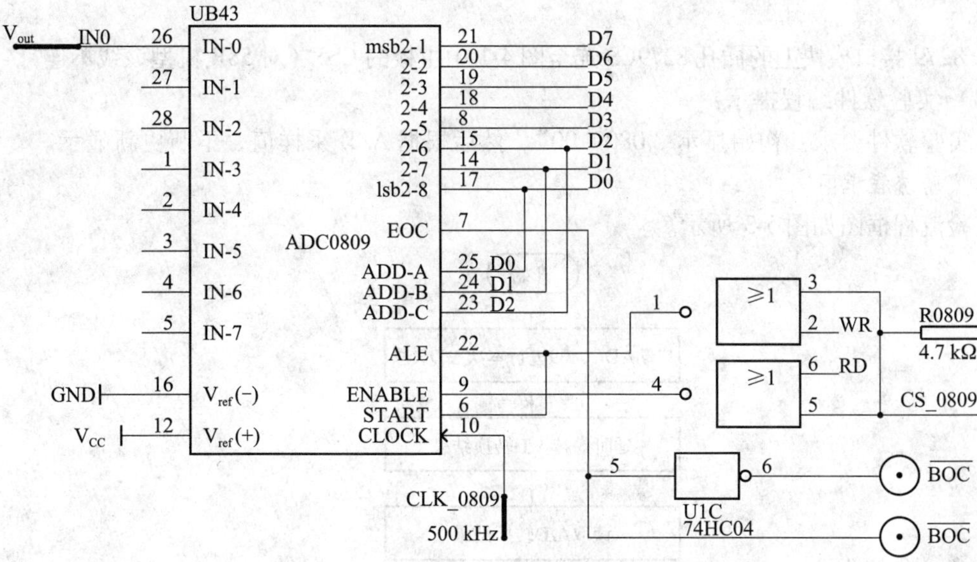


图 5-2　实验原理图

图 5-2 中 ADC0809 的 CLOCK 信号 CLK_0809 接 T1（500 kHz），基准电压 $V_{ref}$（+）接 $V_{CC}$（已连好）。一般在实际应用系统中应该接精确 +5 V，以提高转换精度，ADC0809 片选信号 CS_0809 和 WR、RD 经逻辑组合后，去控制 ADC0809 的 ALE、START、ENABLE 信号。ADC0809 的转换结束信号 EOC 未接，如果以中断方式实现数据采集，需将 EOC 信号线接至中断控制器 8259A 的中断源输入通道。本实验以延时方式等待 A/D 转换结束，ADC0809 的通道号选择线 ADD-A、ADD-B、ADD-C 接系统数据线的低 3 位，因此 ADC0809 的 8 个通道值地址分别为 00H、01H、02H、03H、04H、05H、06H、07H。

启动本 A/D 转换只需如下三条命令：

```
MOV    DX,     ADPORT       ; ADPORT 为 ADC0809 端口地址
MOV    AL,     DATA         ; DATA 为通道值
OUT    DX,     AL           ; 通道值送端口
```

读取 A/D 转换结果用下面两条指令：

```
MOV    DX,     ADPORT
IN     AL,     DX
```

（2）实验线路的连接：

在图 5-2 所示原理图中，粗实线是学生需要连接的线，粗实线两端是需连接的信号名称。

① IN0 插孔连 WD1 的输出 $V_{out}$ 插孔。

② CS_ 0809 连译码输出 Y0 插孔。

③ CLK_ 0809 连上面主板的脉冲输出 T2（500 kHz）。

④ 将 8279 接口模块上的插座 DU（JB51）（a ~ h）用 8 芯线连接至数码管模块插座 DU（a ~ h），8279 接口模块上插座 BIT（JB53）连接至数码管模块插座 BIT。

⑤ 8279 接口模块上的插孔 8279CLK 连至图 4-1 中主板的 CLOCK（对 58B 机型该线不连）。

⑥ 8279 接口模块上的插孔 8279CS 连至图 4-1 中主板的 CS5（对 58B 机型该线不连）。

（3）实验软件编程提示：

本实验软件要求：初始显示“0809-00”，然后根据 A/D 采样值，不断更新显示。

4. 实验流程框图

实验流程框图如图 5-3 所示。

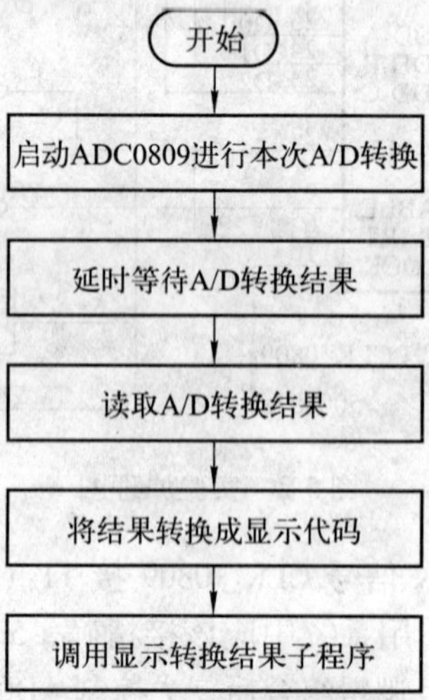


图 5-3　实验流程框图

5. 实验软件参考程序

见随机光盘（实验平台附带光盘，下同），文件名为 H0809. ASM。

6. 实验步骤

（1）正确连接好实验线路。

（2）理解实验原理。

（3）仔细阅读，弄懂实验程序。

（4）安装软件：

① 将随机携带的光盘中 DVCC86 整个目录全部复制到计算机中。

② 启动 DVCC86 调试软件：在 Windows 平台下，启动 DVCC86 调试软件，屏幕显示联机界面。

③ 联机：单击 DVCC86 调试软件界面上的“联机”按钮，此时，应有反汇编窗口、寄存器等窗口出现，表示联机正常。

④ 打开实验源文件：在文件（FILE）栏目下选择打开（OPEN）命令，在本软件所在的安装目录中 8HASM 子目录下选择源程序，如选 H0809. ASM，屏幕上出现源文件

窗口。

⑤编译、连接并装载目标文件：单击调试图标，对当前源文件窗口内的源文件进行编译、连接并装载到实验板的 RAM 中。目标文件装载起始地址默认为源文件中 ORG 定义的程序段起始地址。在反汇编窗口内显示刚才装入的程序，并有一红色小箭头指示在起始程序行上。

⑥ 运行程序：单击运行按钮，在数码管上应显示“0809-XX”。

⑦ 调节电位器 WD1，以改变模拟电压值，显示器上会不断显示新的 A/D 转换结果。用 ADC0809 做 A/D 转换，其模拟量与数字量对应关系的典型值为 +5 V-FFH、2.5 V-80H、0 V-00H。

## 实验2　使用 DAC0832 的 D/A 转换实验（一）



1. 实验目的

（1）熟悉 DAC0832 数-模转换器的特性和接口方法。

（2）掌握 D/A 输出程序的设计和调试方法。

2. 预备知识

（1）DAC0832 结构：DAC0832 是用先进的 CMOS/Si-Cr 工艺制成的双列直插式单片 8 位 D/A 转换器。它可以直接和 8088 CPU 相接口。它采用二次缓冲方式（有两个写信号 $\overline{WR1}$、$\overline{WR2}$），这样可以在输出的同时，采集下一个数字量，以提高转换速度。而更重要的是能够在多个转换器同时工作时，有可能同时输出模拟量。它的主要技术参数如下：分辨率为 8 位，电流建立时间为 1 μs，单一电源 5 ~ 15 V 直流供电，可双缓冲、单缓冲或直接数据输入。DAC0832 内部结构如图 5-4 所示。

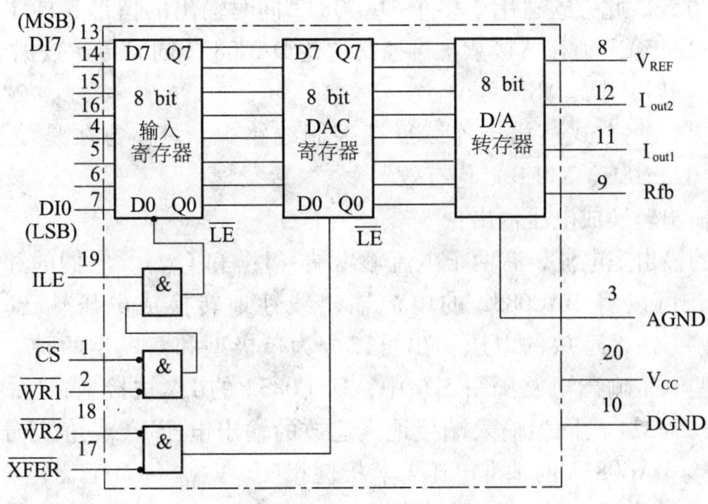


图 5-4　DAC0832 内部功能

（2）DAC0832 引脚功能：

① $\overline{LE}$ = “1”，Q 输出跟随 D 输入；$\overline{LE}$ = “0”，D 端输入数据被锁存。

② DI0 ~ DI7：数据输入线，TTL 电平，有效时间应大于 90 ns（否则锁存的数据会出错）。

③ ILE：数据锁存允许控制信号输入线，高电平有效。

④ $\overline{CS}$：选片信号输入线，低电平有效。

⑤ $\overline{WR1}$：输入锁存器写选通输入线，负脉冲有效（脉宽应大于 500 ns）。当$\overline{CS}$为“0”、ILE 为“1”、$\overline{WR1}$为“0”时，DI0 ~ DI7 状态被锁存到输入锁存器。

⑥ $\overline{XFER}$：数据传输控制信号输入线，低电平有效。

⑦ $\overline{WR2}$：DAC 寄存器写选通输入线，负脉冲（宽于 500 ns）有效。当$\overline{XFER}$为“0”且$\overline{WR2}$有效时，输入锁存器的状态被传送到 DAC 寄存器中。

⑧ $I_{out1}$：电流输出线，当输入为全 1 时 $I_{out1}$ 最大。

⑨ $I_{out2}$：电流输出线，其值和 $I_{out1}$ 值之和为一常数。

⑩ Rfb：反馈信号输入线，改变 Rfb 端外接电容器值可调整转换满量程精度。

⑪ $V_{CC}$：电源电压线，$V_{CC}$范围为 5 ~ 15 V。

⑫ $V_{REF}$：基准电压输入线，$V_{REF}$范围为 -10 ~ +10 V。

⑬ AGND：模拟地。

⑭ DGND：数字地。

（3）DAC0832 工作方式：

根据对 DAC0832 的输入锁存器和 DAC 寄存器的不同的控制方法，DAC0832 有如下 3 种工作方式：

① 单缓冲方式。此方式适用于只有一路模拟量输出或几路模拟量非同步输出的情形。具体方法是控制输入锁存器和 DAC 寄存器同时接收，或者只用输入锁存器而把 DAC 寄存器接成直通方式。

② 双缓冲方式。此方式适用于多个 DAC0832 同时输出的情形。具体方法是先分别使这些 DAC0832 的输入锁存器接数，再控制这些 DAC0832 同时传递数据到 DAC 寄存器以实现多个 D/A 转换同步输出。

③ 直通方式。此方式适用于连续反馈控制线路中。具体方法是使所有控制信号（$\overline{CS}$、$\overline{WR1}$、$\overline{WR2}$、ILE、$\overline{XFER}$）均有效。

（4）电流输出转换成电压输出：

DAC0832 的输出是电流，有两个电流输出端（$I_{out1}$ 和 $I_{out2}$），它们的和为一常数。使用运算放大器，可以将 DAC0832 的电流输出线性地转换成电压输出。根据运放和 DAC0832 的连接方法，运放的电压输出可以分为单极型和双极型两种。图 5-5 所示为 DAC0832 单极型电压输出电路。图 5-6 中，DAC0832 的 $I_{out2}$ 被接地，$I_{out1}$ 接运放 LM324 的反相输入端，LM324 的同相输入端接地。运放的输出电压 $V_{out}$ 之值等于 $I_{out1}$ 与 Rfb 之积，$V_{out}$ 的极性与 DAC0832 的基准电压 $V_{REF}$ 极性相反。$V_{out}$ = -［$V_{REF}$ ×（输入数字量的十进制数）］/256，如果在单极型输出的线路中再加一个放大器，便构成双极型输出线路。

3. 实验内容

（1）实验原理：

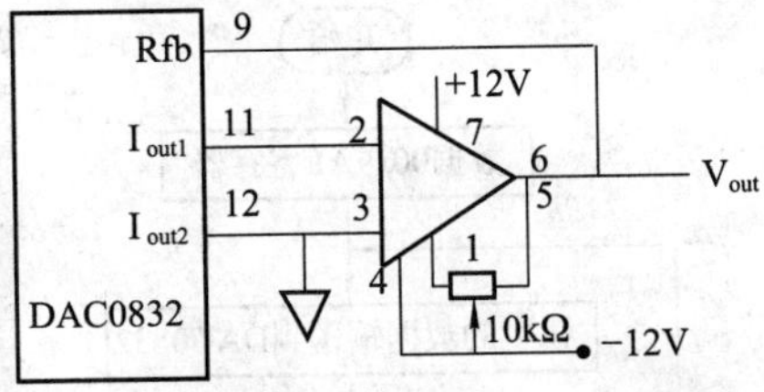


图 5-5 DAC0832 单极型电压输出电路

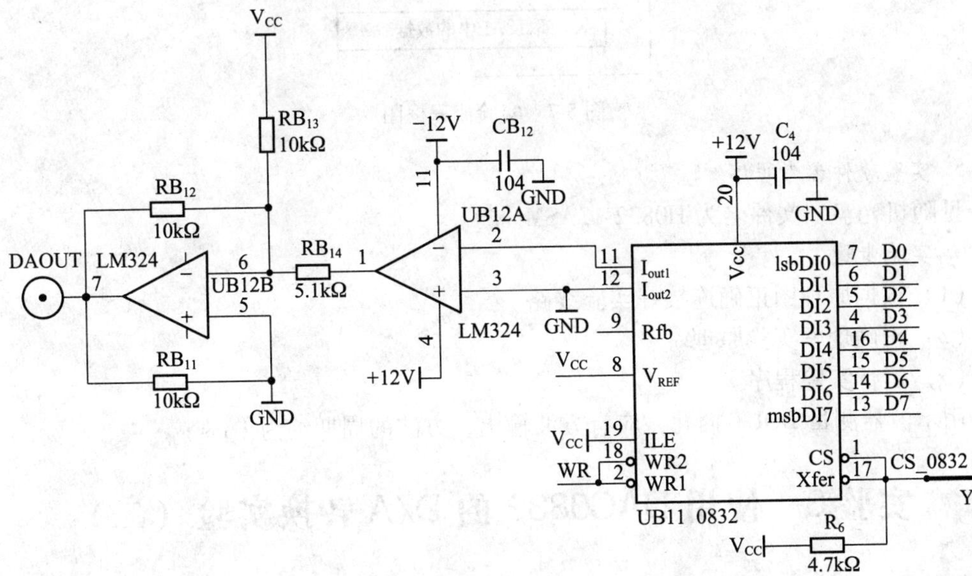


图 5-6 实验原理图

实验原理如图 5-6 所示，由于 DAC0832 有数据锁存器、选片、读、写控制信号线，故可与 8088 CPU 总线直接接口。图 5-6 中只有一路模拟量输出，且为单极型电压输出。DAC0832 工作于单缓冲方式，它的 ILE 接 +5 V，CS_0832 作为 DAC0832 芯片的片选 CS。这样，对 DAC0832 执行一次写操作就把一个数据直接写入 DAC 寄存器、模拟量输出随之而变化。

（2）实验线路的连接：

① 将 DAC0832 片选信号 CS_0832 插孔和译码输出 Y7 插孔相连。

② 对模块化机型，该模块中的 +12 V 连到上面信号源板的电源部分的 +12 V 上，-12 V 连到上面信号源板的电源部分的 -12 V 上。对一体化机型，这两根线内部已连好。

（3）实验软件编程提示：

实验要求在 DAOUT 端输出方波信号，方波信号的周期由延时时间常数确定。根据 $V_{out} = -$［$V_{REF}$ ×（输入数字量的十进制数）］/256，当数字量的十进制数为 256（FFH）时，由于 $V_{REF} = -5$ V，$V_{out} = +5$ V。当数字量的十进制数为 0（00H）时，由于 $V_{REF} = -5$ V，$V_{out} = 0$ V。因此，只要将上述数字量写入 DAC0832 端口地址时，模拟电压就从 DOUT 端输出。

**4. 实验流程框图**

实验流程框图如图 5-7 所示。

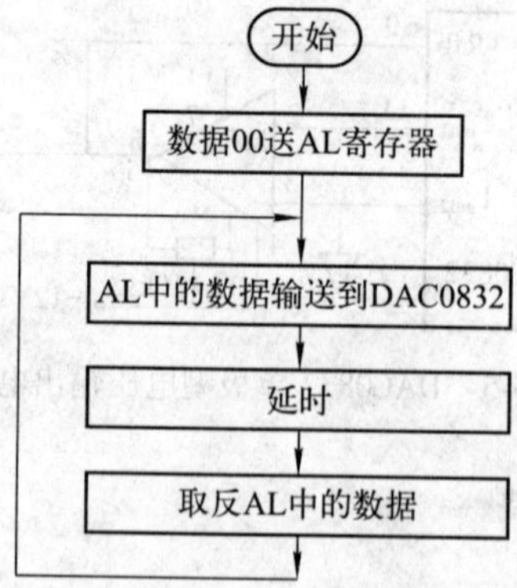


图 5-7　实验流程框图

**5. 实验软件参考程序**

见随机光盘，文件名为 H0832-1. ASM。

**6. 实验步骤**

（1）根据原理图正确连接好实验线路。

（2）正确理解实验原理。

（3）运行实验程序。

用示波器测量 DOUT 插孔，应有方波输出，方波的周期约为 1 ms。

# 实验3　使用 DAC0832 的 D/A 转换实验（二）

**1. 实验目的**

进一步掌握数-模转换的基本原理。

**2. 实验内容**

（1）实验原理基本同实验2。

（2）实验线路的连接

① 将 DAC0832 片选信号 CS_0832 插孔和译码输出 Y7 插孔相连。

② 对模块化机型，该模块中的 +12 V 连到上面信号源板的电源部分的 +12 V 上，-12 V 连到上面信号源板的电源部分的 -12 V 上。对一体化机型，这两根线内部已连好。

（3）实验软件编程提示：

本实验在 DAOUT 端输出锯齿波。根据 $V_{out} = -$ ［$V_{REF}$ ×（输入数字量的十进制数）］/256 即可知道，只要将数字量 0 ~ 256（00H ~ FFH）从 0 开始逐渐加 1 递增直至 256 为止，不断循环，在 DAOUT 端就会输出连续不断的锯齿波。

**3. 实验流程框图**

实验流程框图如图 5-8 所示。

**4. 实验软件参考程序**

见随机光盘，文件名为 H0832-2. ASM。

**5. 实验步骤**

（1）根据原理图正确连接好实验线路。

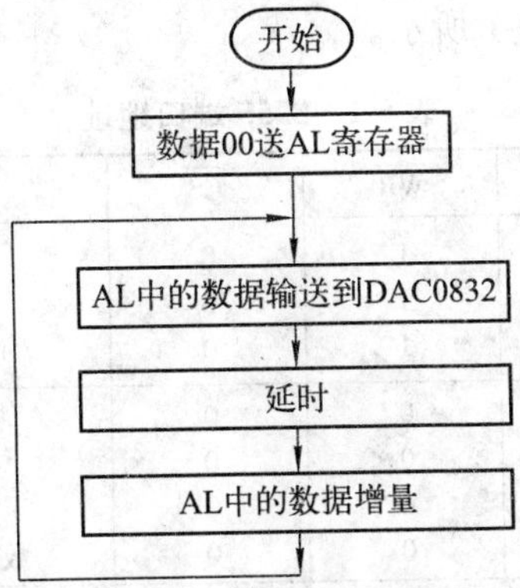


图 5-8　实验流程框图

（2）运行实验程序。用示波器测量 DOUT 插孔，应有锯齿波输出。

# 实验 4　8255 可编程并行口实验

1. 实验目的

（1）掌握并行接口芯片 8255 和微机接口的连接方法。

（2）掌握并行接口芯片 8255 的工作方式及其编程方法。

2. 预备知识

（1）8255 结构：

8255 是可编程并行接口芯片，双列直插式封装，用 +5 V 单电源供电，其逻辑框图如图 5-9 所示，内部有 3 个 8 位 I/O 端口：A 口、B 口、C 口；也可以分为各有 12 位的两组：A 组和 B 组，A 组包含 A 口 8 位和 C 口的高 4 位，B 组包含 B 口 8 位和 C 口的低 4 位；A 组控制和 B 组控制用于实现方式选择操作；读/写控制逻辑用于控制芯片内寄存器的数据和控制字经数据总线缓冲器送入各组接口寄存器中。由于 8255 数据总线缓冲器是双向三态 8 位驱动器，因此可以直接和 8088 系统数据总线相连。

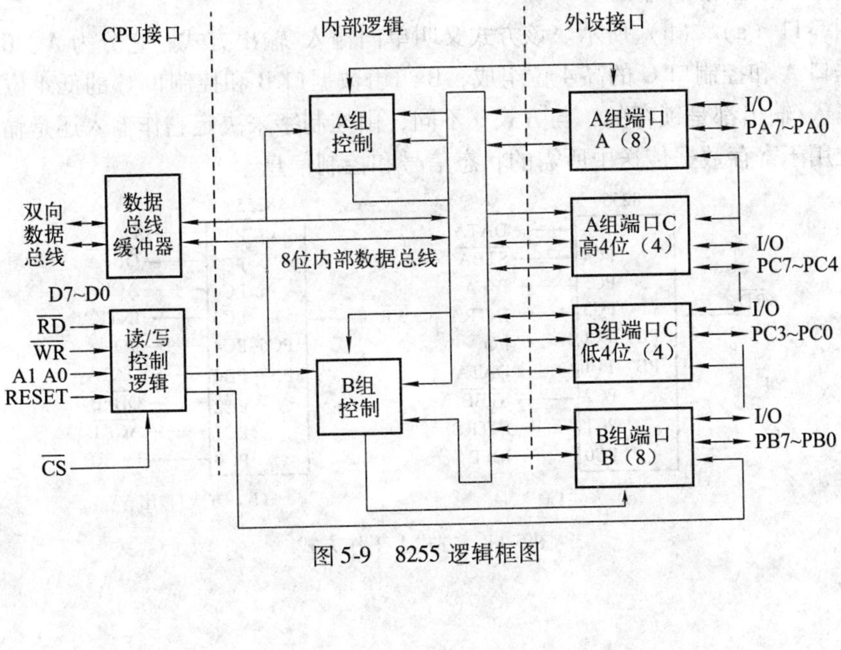


图 5-9　8255 逻辑框图

（2）8255 端口地址如表 5-1 所示。

**表 5-1　8255 端口地址**

| A1 | A0 | $\overline{RD}$ | $\overline{WR}$ | $\overline{CS}$ | 操作类型 | 操作方向 |
|---|---|---|---|---|---|---|
| 0 | 0 | 0 | 1 | 0 | PA→数据总线 | 输入（读） |
| 0 | 1 | 0 | 1 | 0 | PB→数据总线 | |
| 1 | 0 | 0 | 1 | 0 | PC→数据总线 | |
| 0 | 0 | 1 | 0 | 0 | 数据总线→PA | 输出（写） |
| 0 | 1 | 1 | 0 | 0 | 数据总线→PB | |
| 1 | 0 | 1 | 0 | 0 | 数据总线→PC | |
| 1 | 1 | 1 | 0 | 0 | 数据总线→控制字 | |
| × | × | × | × | 1 | 数据总线三态 | 断开 |
| 1 | 1 | 0 | 1 | 0 | 非法状态 | |
| × | × | 1 | 1 | 0 | 数据总线三态 | |

（3）8255 工作方式：

8255 芯片有 3 种工作方式：方式 0、方式 1、方式 2。它通过对控制寄存器写入不同的控制字来决定其 3 种不同的工作方式。

方式 0：基本输入/输出。

如图 5-10 所示，该方式下的 A 口 8 位和 B 口 8 位可以由输入的控制字决定为输入或输出，C 口分成高 4 位（PC7 ~ PC4）和低 4 位（PC3 ~ PC0）两组，也有控制字决定其输入或输出。需注意的是：该方式下，只能将 C 口其中一组的 4 位全部置为输入或输出。

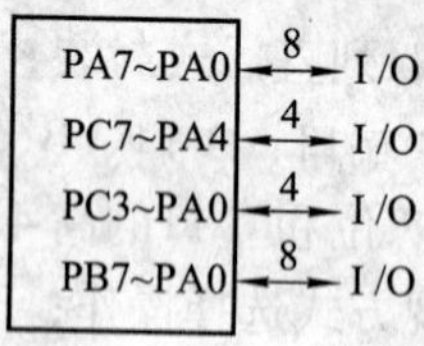


图 5-10　方式 0 引脚功能

方式 1：选通输入/输出。

如图 5-11（a）、（b）所示。该方式又叫单向输入/输出方式，它分为 A、B 两组，A 组由数据口 A 和控制口 C 的高 4 位组成，B 组由数据口 B 和控制口 C 的低 4 位组成。数据口的输入/输出都是锁存的，与方式 0 不同，由控制字来决定它作输入还是输出。C 口的相应位用于寄存数据传送中所需的状态信号和控制信息。

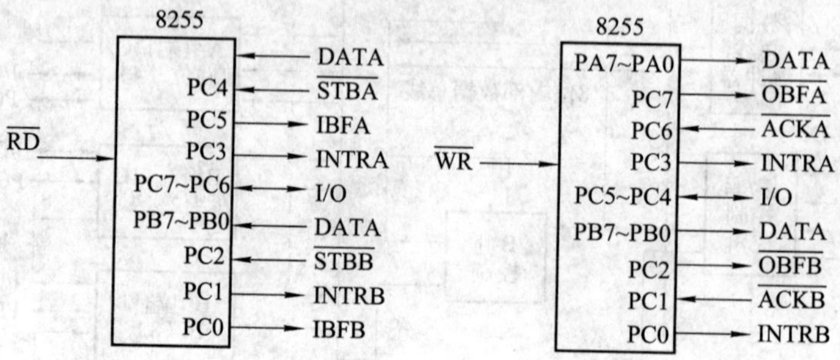


（a）方式1输入　　（b）方式1输出

图 5-11　方式 1 工作方式

方式 2：双向输入/输出。

如图 5-12 所示，本方式只有 A 组可以使用，此时 A 口为输入/输出双向口，C 口中的 5 位（PC3 ~ PC7）作为 A 口的控制位。

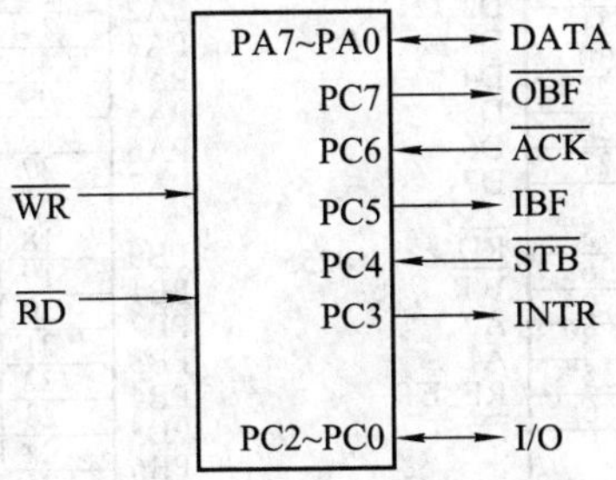


图 5-12　方式 2 双向输入输出

（4）8255 控制字：

① PC 口按位置/复位控制字

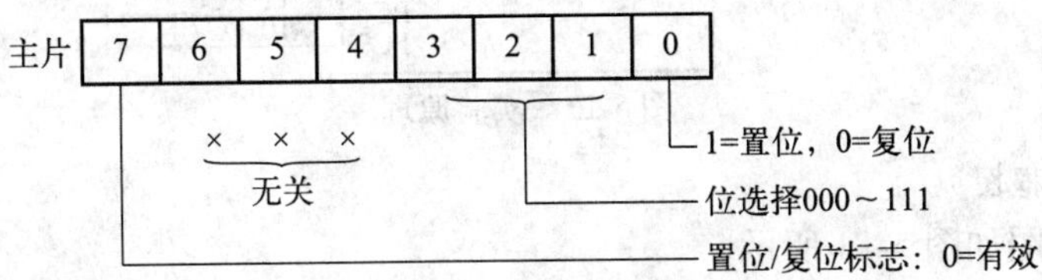


② 方式选择控制字

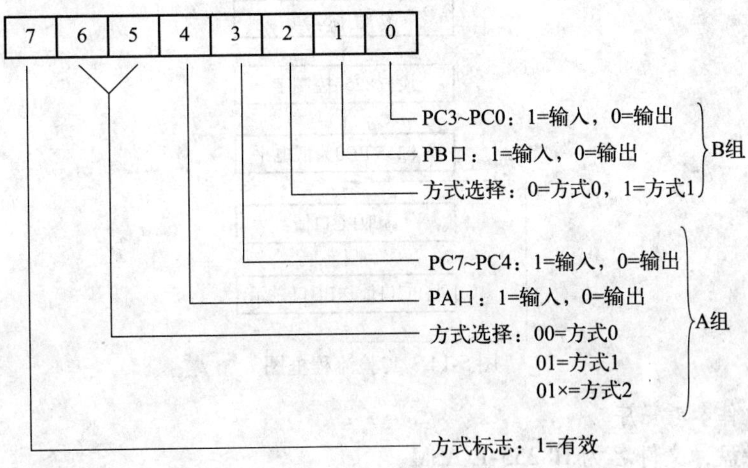


3. 实验内容

（1）实验原理：

实验原理如图 5-13 所示，PC 口 8 位接 8 个开关 K1 ~ K8，PB 口 8 位接 8 个发光二极管，从 PC 口读入 8 位开关量送 PB 口显示。拨动 K1 ~ K8，PB 口上接的 8 个发光二极管 L0 ~ L7 对应显示 K1 ~ K8 的状态。

（2）实验线路连接：

① 8255 芯片 PC0 ~ PC7 插孔依次接 K1 ~ K8。

② 8255 芯片 PB0 ~ PB7 插孔依次接 L0 ~ L7。

③ 8255 的片选插孔 8255CS 接译码输出 Y7 插孔。

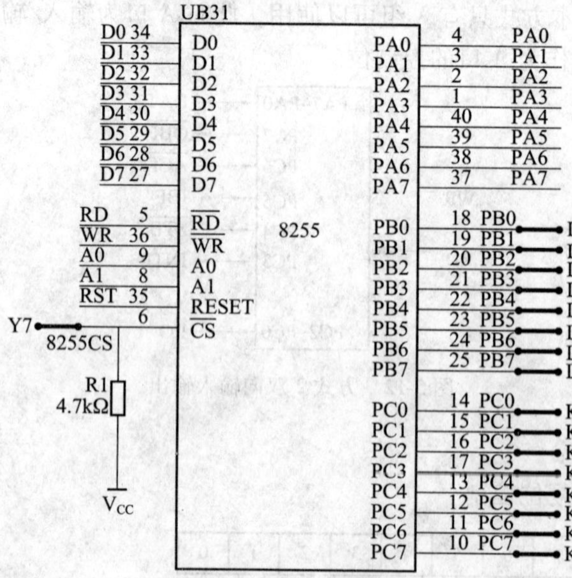


图 5-13　实验原理

4. 实验流程框图

实验流程框图如图 5-14 所示。

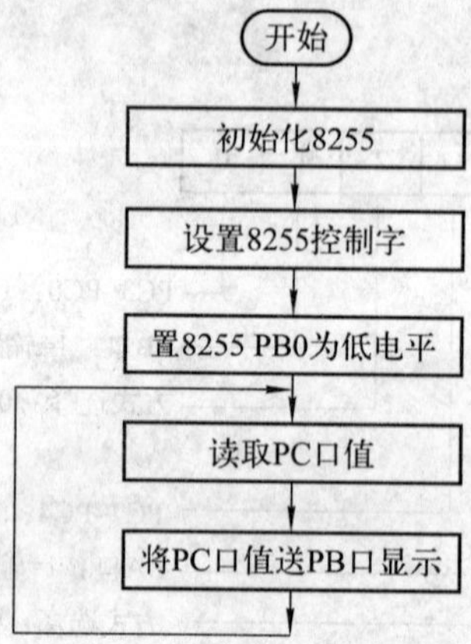


图 5-14　实验流程框图

5. 实验软件参考程序

见随机光盘，文件名为 H8255-1. ASM。

6. 实验步骤

（1）按图 5-13 连好线路。

（2）运行实验程序，拨动 K1 ~ K8，L0 ~ L7 会跟着亮灭。

# 实验 5　8253A 定时/计数器实验

1. 实验目的

（1）学习 8253A 可编程定时/计数器与 8088 CPU 的接口方法。

（2）了解 8253A 的工作方式。

（3）掌握 8253A 在各种方式下的编程方法。

2. 预备知识

（1）8253A 内部结构：

8253A 定时/计数器具有定时、计数双功能。它具有 3 个相同且相互独立的 16 位减法计数器，分别称为计数器 0、计数器 1、计数器 2。每个计数器计数频率为 0 ~ 2 MHz，其内部结构如图 5-15 所示。由于其内部数据总线缓冲器为双向三态，故可直接接在系统数据总线上，通过 CPU 写入计数初值，也可由 CPU 读出计数当前值；其工作方式通过控制字确定；图中的读/写控制逻辑，当选中该芯片时，根据读/写命令及送来的地址信息控制整个芯片工作；图中的控制字寄存器用于接收数据总线缓冲器的信息，当写入控制字时，为控制计数器的工作方式，当写入数据时则装入计数初值，控制寄存器为 8 位，只能写不能读。

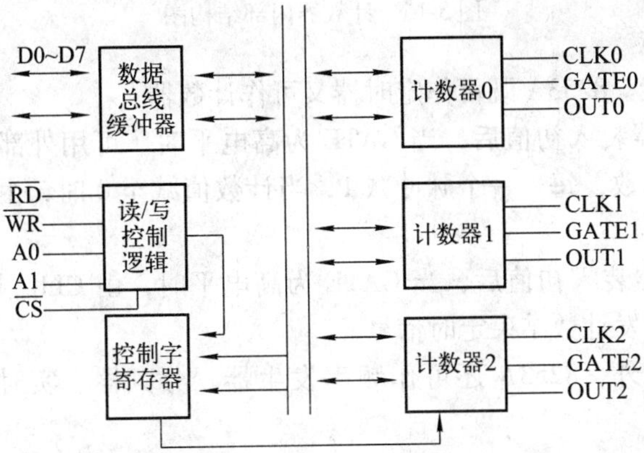


图 5-15　8253A 内部结构图

（2）计数器内部结构：

如图 5-16 所示，每个计数器由一个 16 位可预置的减 1 计数器组成，计数初值可保存在 16 位的锁存器中，该锁存器只能写不能读。在计数器工作时，初值不受影响，以便进行重复计数。图中每个计数器有一个时钟输入端 CLK 作为计数脉冲源，计数方式可以是二进制，计数范围为 1 ~ 10000H，也可以是十进制，计数范围为 1 ~ 65 536。门控端 GATE 用于控制计数开始和停止。输出 OUT 端当计数器计数值减到零时，该端输出标志信号。

（3）8253A 端口地址（见表 5-2）。

**表 5-2　8253A 端口地址**

| $\overline{CS}$ | $\overline{RD}$ | $\overline{WR}$ | A0 | A1 | 寄存器选择与操作 |
|---|---|---|---|---|---|
| 0 | 1 | 0 | 0 | 0 | 写入计数器#0 |
| 0 | 1 | 0 | 0 | 1 | 写入计数器#1 |
| 0 | 1 | 0 | 1 | 0 | 写入计数器#2 |
| 0 | 1 | 0 | 1 | 1 | 写入控制寄存器 |
| 0 | 0 | 1 | 0 | 0 | 读计数器#0 |
| 0 | 0 | 1 | 0 | 1 | 读计数器#1 |
| 0 | 0 | 1 | 1 | 0 | 读计数器#2 |
| 0 | 0 | 1 | 1 | 1 | 无操作（三态） |
| 1 | × | × | × | × | 禁止（三态） |
| 0 | 1 | 1 | × | × | 无操作（三态） |

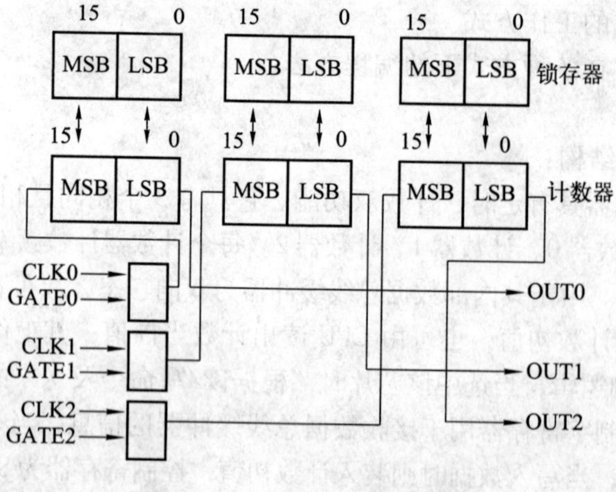

图 5-16　计数器内部结构图

（4）8253A 功能。8253A 既可作定时器又可作计数器：

① 计数：计数器装入初值后，当 GATE 为高电平时，可用外部事件作为 CLK 脉冲对计数值进行减 1 计数，每来一个脉冲减 1，当计数值减至 0 时，由 OUT 端输出一个标志信号。

② 定时：计数器装入初值后，当 GATE 为高电平时，由 CLK 脉冲触发开始自动计数，当计数到零时，发计数结束定时信号。

除上述典型应用外，8253A 还可作频率发生器、分频器、实时时钟、单脉冲发生器等。

（5）8253A 控制字：

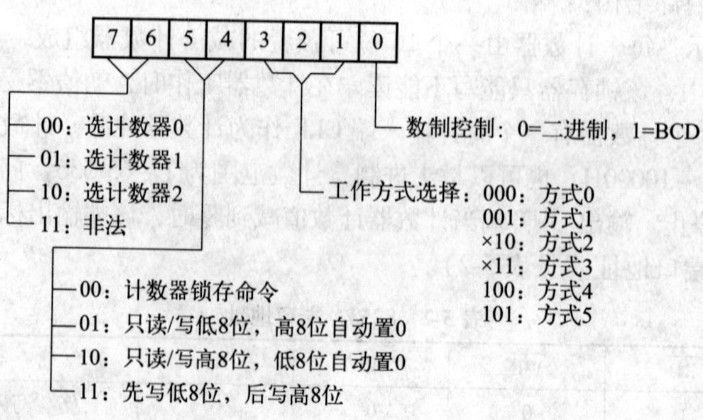


8253A 控制字各位说明如下：

① 8253A 每个通道对输入 CLK 按二进制或十进制从预置值开始减 1 计数，减到 0 时从 OUT 输出一个信号。

② 8253A 编程时先写控制字，再写时间常数。

（6）8253A 工作方式：

① 方式 0：计数结束产生中断方式。当写入控制字后，OUT 变为低电平，当写入初值后立即开始计数，当计数结束时，变成高电平。

② 方式 1：可编程单次脉冲方式。当初值装入后且 GATE 由低变高时，OUT 变为低电平，计数结束变为高电平。

③ 方式 2：频率发生器方式。当初值装入时，OUT 变为高；计数结束，OUT 变为低。该方式下如果计数未结束，但 GATE 为低时，立即停止计数，强迫 OUT 变高，当 GATE 再变高时，便启动一次新的计数周期。

④ 方式 3：方波发生器方式。当装入初值后，在 GATE 上升沿启动计数，OUT 输出高电平；当计数完成一半时，OUT 输出低电平。

⑤ 方式 4：软件触发选通方式。当写入控制字后，OUT 输出为高；装入初值且 GATE 为高时开始计数，当计数结束，OUT 端输出一个宽度等于一个时钟周期的负脉冲。

⑥ 方式 5：硬件触发选通方式。在 GATE 上升沿启动计数，OUT 一直保持高电平；计数结束，OUT 端输出一个宽度等于一个时钟周期的负脉冲。

3. 实验内容

本实验原理图如图 5-17 所示，8253A 的 A0、A1 接系统地址总线 A0、A1，故 8253A 有 4 个端口地址，参见端口地址表 5-1。8253A 的片选地址为 48H ~ 4FH，因此，本实验板中的 8253A 的 4 个端口地址为 48H、49H、4AH、4BH，分别对应通道 0、通道 1、通道 2 和控制字。采用 8253A 通道 2，工作在方式 3（方波发生器方式），输入时钟 CLK2 为 1 MHz，输出 OUT2 要求为 1kHz 的方波，并要求用接在 GATE2 引脚上的导线是接地（“0”电平）或甩空（“1”电平）来观察 GATE 对计数器的控制作用，用示波器观察输出波形。

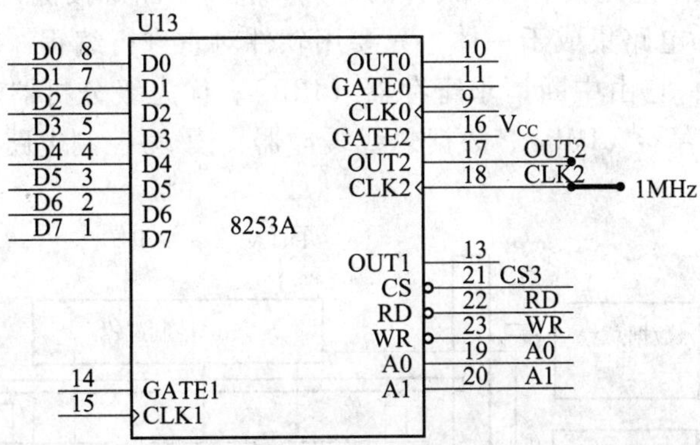


图 5-17　实验原理图

4. 实验线路连接

8253A 芯片（就在主板上）的 CLK2 引出插孔连接主板上的分频输出插孔 T1（1 MHz）。

5. 实验流程框图

实验流程框图如图 5-18 所示。

6. 实验软件参考程序

见随机光盘，文件名为 H8253. ASM。

7. 实验步骤

（1）按图 5-17 连好实验线路。

（2）运行实验程序。

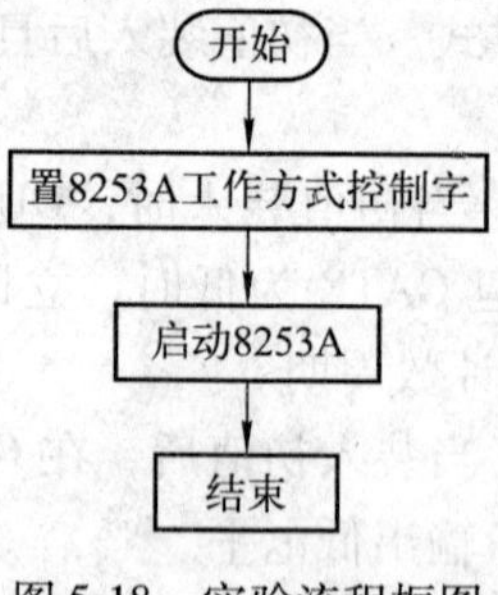


图 5-18　实验流程框图

用示波器测量 8253A 的 OUT2 输出插孔，应有频率为 1 kHz 的方波输出，幅值 0 ~ 4 V。

# 实验 6　使用 8259A 的单级中断控制实验

1. 实验目的

（1）掌握中断控制器 8259A 与微机接口的原理和方法。

（2）掌握中断控制器 8259A 的应用编程。

2. 预备知识

（1）8259A 的内部结构：

8259A 是专为控制优先级中断而设计的芯片。它将中断源按优先级排队、辨认中断源、提供中断向量的电路集成于一体，只要用软件对它进行编程，就可以管理 8 级中断。如图 5-19 所示，它由中断请求寄存器（IRR）、优先级分析器、中断服务寄存器（ISR）、中断屏蔽寄存器（IMR）、数据总线缓冲器、读/写控制电路和级联缓冲器、比较器组成。

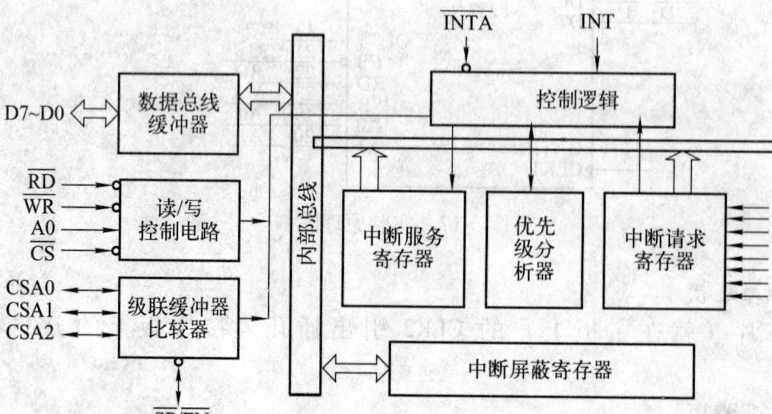


图 5-19　8259A 内部结构图

① 中断请求寄存器（IRR）：寄存所有要求服务的请求 IR0 ~ IR7。

② 中断服务寄存器（ISR）：寄存正在被服务的中断请求。

③ 中断屏蔽寄存器（IMR）：存放被屏蔽的中断请求，该寄存器的每一位表示一个中断号，该位为 1，屏蔽该号中断，否则开放该号中断。

④ 数据总线缓冲器：是双向三态的，用以连接系统总线和8259A内部总线，通过它可以由CPU对8259A写入状态字和控制字。

⑤ 读/写控制电路：用来接受I/O命令，对初始化命令和操作命令字寄存器进行写入，以确定8259A的工作方式和控制方式。

⑥ 级联缓冲器比较器：用于多片8259A的连接，能构成多达64级的矢量中断系统。

（2）8259A编程及初始化：

① 写初始化命令字。

• 写初始化命令字ICW1（A0=0），以确定中断请求信号类型，清除中断屏蔽寄存器、中断优先级排队并确定系统用单片还是多片。

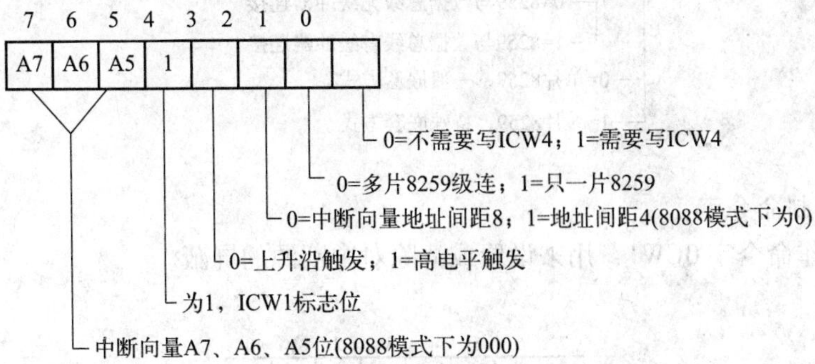


• 写初始化命令字ICW2，以定义中断向量的高5位类型码。

| 7 | 6 | 5 | 4 | 3 | 2 | 1 | 0 |
|---|---|---|---|---|---|---|---|
| A15/T7 | A14/T6 | A13/T5 | A12/T4 | A11/T3 | A10 | A9 | A8 |

A15～A8：8088/8085方式下的中断向量高8位，8088方式下A8～A0不用，设为000。

• 写初始化命令字ICW3，以定义主片8259A中断请求线上IR0～IR7有无级联的8259A片。

第$i$位=0，表明IR$i$引脚上无从片。

第$i$位=1，表明IR$i$引脚上有从片。

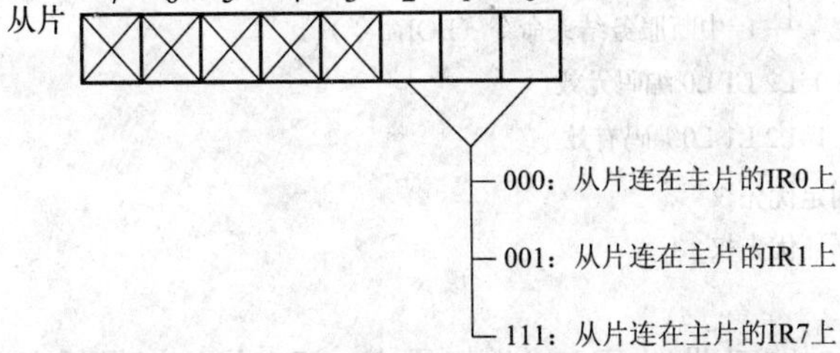


• 写初始化命令字ICW4，用来定义8259A工作时用8085模式，还是8088模式，以及中断服务寄存器复位方式等。

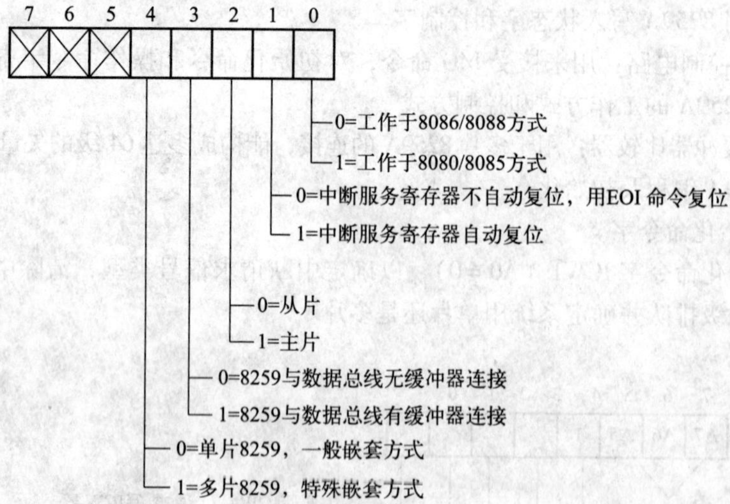


② 写控制命令字：

• 写操作命令字 OCW1，用来设置或清除对中断源的屏蔽。

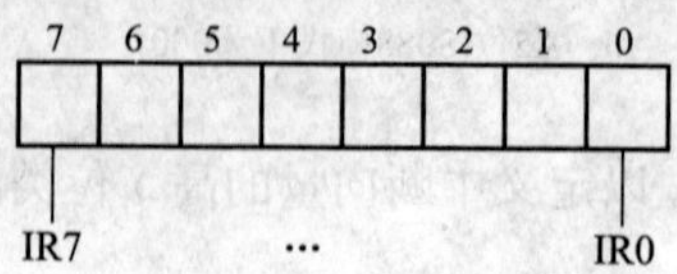


第 $i$ 位 =0，对应的中断请求 IR$i$ 开放。

第 $i$ 位 =1，对应的中断请求 IR$i$ 屏蔽。

注：OCW1 如不写，则在初始化命令写入后，OCW1 为全开放状态。

• 写操作命令字 OCW2，设置优先级是否进行循环、循环方式及中断结束方式。

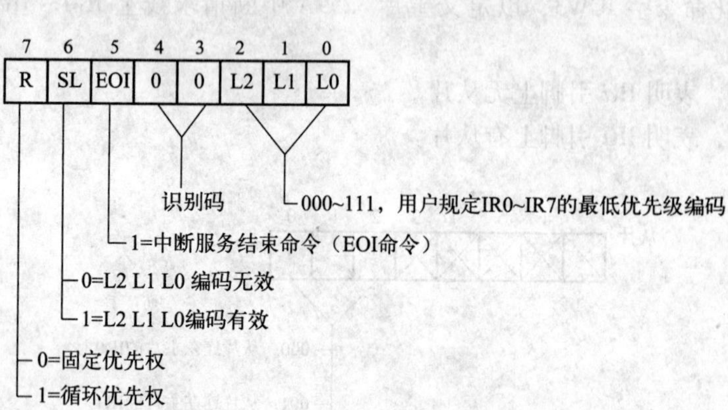


注：8259A 复位时自动设置 IR0 优先权最高，IR7 优先权最低。

• 写操作命令字 OCW3，设置查询方式、特殊屏蔽方式，以及读取 8259 中断寄存器的当前状态。

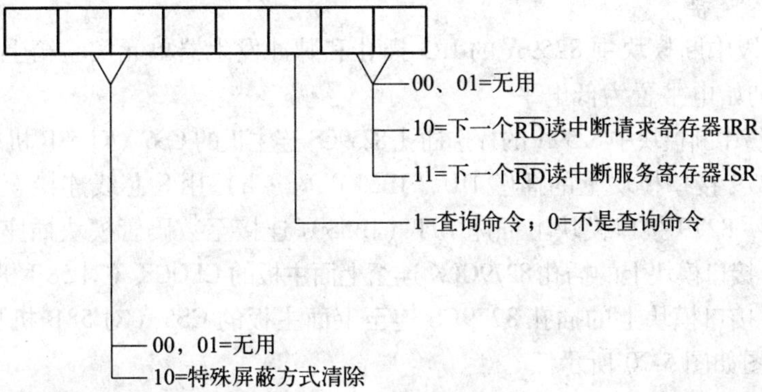


（3）8259A 查询字。通过 OCW3 命令字的设置，可使 CPU 处于查询方式，随时查询 8259A 有否中断请求，有则转入相应的中断服务程序。

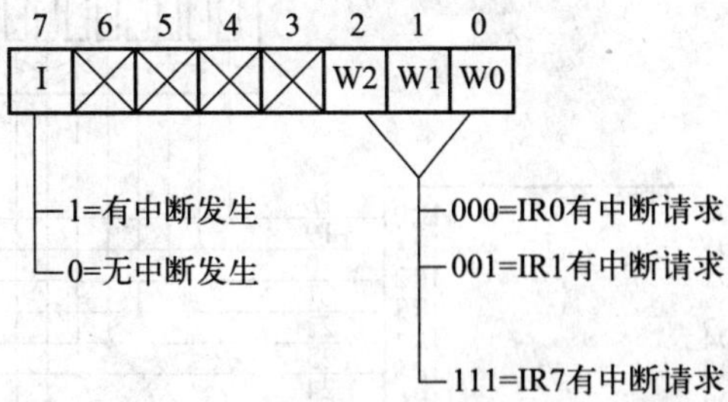


3. 实验内容

本系统中已设计有一片 8259A 中断控制芯片，工作于主片方式，8 个中断请求输入端 IR0 ~ IR7 对应的中断类型号为 8 ~ F，其和中断矢量的关系如表 5-3 所示。

根据图 5-19，8259A 和 8088 系统总线直接相连，8259A 上连有一系统地址线 A0，故 8259A 有 2 个端口地址，本系统中为 20H、21H。20H 用来写 ICW1，21H 用来写 ICW2、ICW3、ICW4，初始化命令字写好后，再写操作命令字。OCW2、OCW3 用端口地址 20H，OCW1 用端口地址 21H。图 5-19 中，使用了 3 号中断源，实验箱上 IRQ3 插孔和 SP 插孔相连，中断方式为边沿触发方式，每按一次实验箱上的 AN 按钮产生一次中断信号，向 8259A 发出中断请求信号。如果中断源电平信号不符规定要求则自动转到 7 号中断，显示“Err”。CPU 响应中断后，在中断服务中，对中断次数进行计数并显示，计满 5 次结束，显示器显示“8259Good”。

**表 5-3　中断类型号与中断矢量的关系**

| 8259A 中断源 | 中断类型号 | 中断矢量表地址 |
|---|---|---|
| IR0 | 8 | 20H ~ 23H |
| IR1 | 9 | 24H ~ 27H |
| IR2 | A | 28H ~ 2BH |
| IR3 | B | 2CH ~ 2FH |
| IR4 | C | 30H ~ 33H |
| IR5 | D | 34H ~ 37H |
| IR6 | E | 38H ~ 3BH |
| IR7 | F | 3CH ~ 3FH |

4. 实验线路连接

（1）将单级中断模块中 8259A 的 IR3 插孔和脉冲发生器单元实验箱上的 SP1 插孔相连。SP1 插孔初始电平置为低电平。

（2）将单级中断模块中 8259A 的片选插孔 8259CS 连主板的 CS6（对 58B 机型该线不连）。

（3）将 8279 接口模块上的插座 DU（JB51）（a～h）用 8 芯线连接至数码管模块插座 DU（a～h），8279 接口模块上插座 BIT（JB53）连接至数码管模块插座 BIT。

（4）8279 接口模块上的插孔 8279CLK 连至上面主板的 CLOCK（对 58B 机型该线不连）。

（5）8279 接口模块上的插孔 8279CS 连至上面主板的 CS5（对 58B 机型该线不连）。

实验原理图如图 5-20 所示。

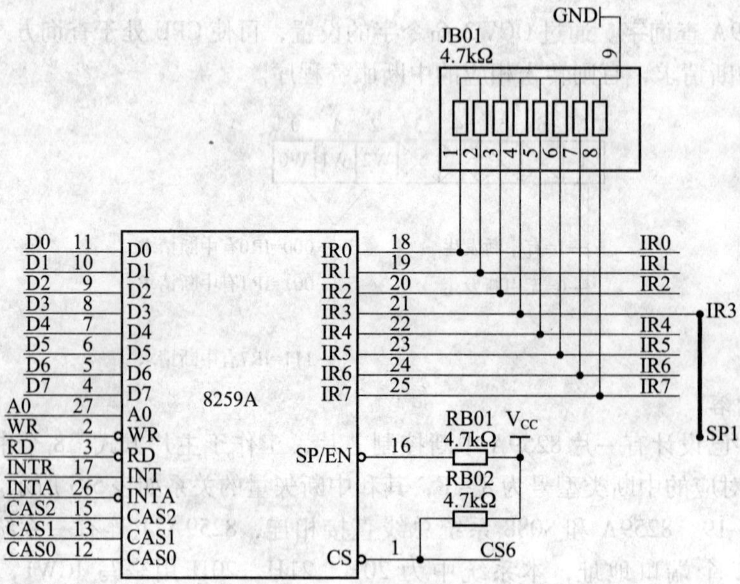


图 5-20　实验原理图

5. 实验流程框图

实验流程框图如图 5-21 所示。

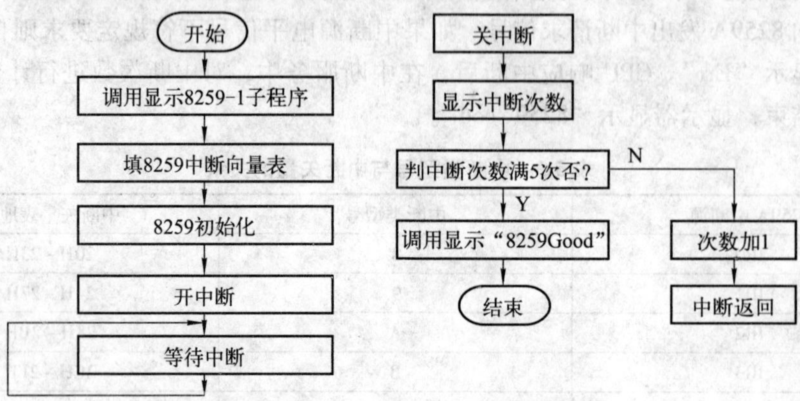


（b）主程序　　（b）中断服务程序

图 5-21　实验流程框图

6. 实验软件参考程序

见随机光盘，文件名为 H8259-1. ASM。

7. 实验步骤

（1）按图 5-20 连好实验线路。

（2）运行实验程序，在数码管上显示“8259-1”。

（3）按实验箱上的 AN 按钮，每按一次产生一次中断，在显示器左边一位显示中断次数，满 5 次中断，显示器显示“8259 Good”。

# 实验 7 使用 8251A 的串行接口应用实验

1. 实验目的

（1）掌握用 8251A 接口芯片实现微机间的同步和异步通信。

（2）掌握 8251A 芯片与微机的接口技术和编程方法。

2. 预备知识

8251A 是一种可编程的同步/异步串行通信接口芯片，具有独立的接收器和发送器，能实现单工、半双工、双工通信。

（1）8251A 内部结构。8251A 内部结构框图如图 5-22 所示。

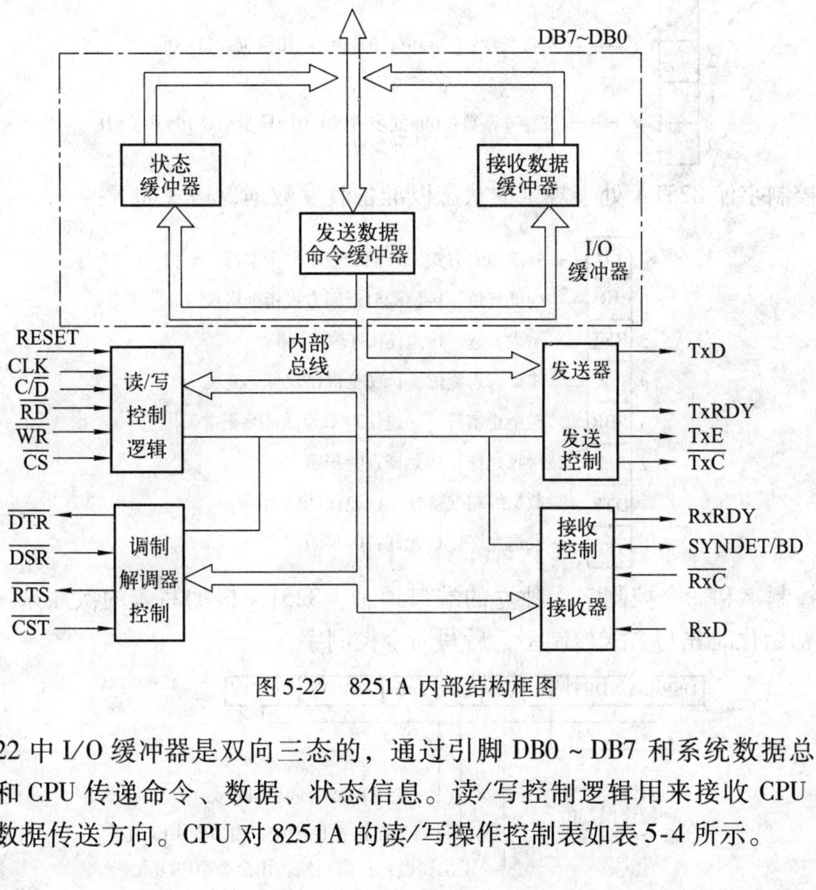


图 5-22　8251A 内部结构框图

图 5-22 中 I/O 缓冲器是双向三态的，通过引脚 DB0 ~ DB7 和系统数据总线直接相连，用于和 CPU 传递命令、数据、状态信息。读/写控制逻辑用来接收 CPU 的控制信号、控制数据传送方向。CPU 对 8251A 的读/写操作控制表如表 5-4 所示。

表 5-4　CPU 对 8251A 的读写操作控制表

| $\overline{CS}$ | $C/\overline{D}$ | $\overline{RD}$ | $\overline{WR}$ | 操作 |
|---|---|---|---|---|
| 1 | 任意 | 任意 | 任意 | 无操作，D0 ~ D7 呈高阻 |
| 0 | 1 | 1 | 0 | 写控制字 |
| 0 | 0 | 1 | 0 | 写数据 |
| 0 | 1 | 0 | 1 | 读状态 |
| 0 | 0 | 0 | 1 | 读数据 |

图中收发器功能是从引脚 RXD（收）和 TXD（发）收发串行数据。接收时按指定的方式装配成并行数据，发送时从 CPU 接收的并行数据，自动地加上适当的成帧信号转换成串行数据。8251A 内部的调制解调器控制器，提供和外接的调制解调器的握手信号。

（2）8251A 的方式控制字和命令控制字。

方式控制字确定 8251A 的通信方式（同步/异步）、校验方式（奇校/偶校/不校）、字符长度及波特率等，格式如下：

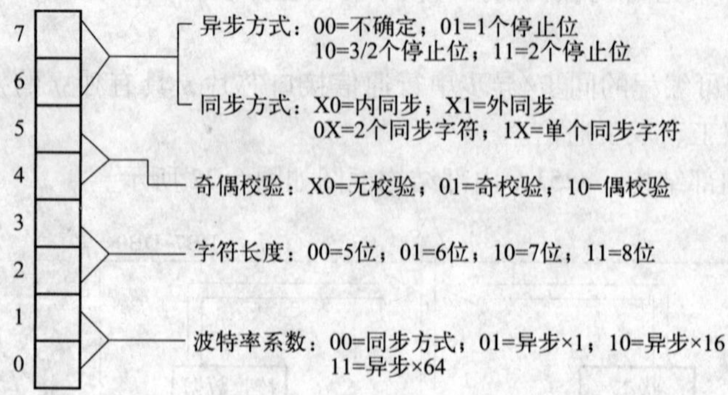


命令控制字使 8251A 处于规定的状态以准备收发数据，格式如下：

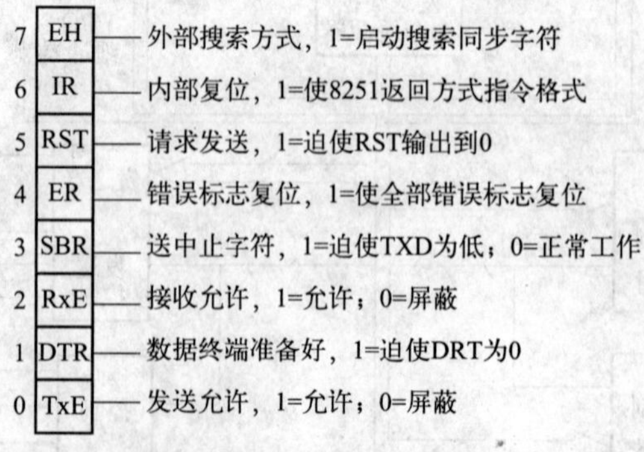


方式控制字和命令控制字无独立的端口地址，8251A 根据写入的次序来区分。CPU 对 8251A 初始化时先写方式控制字，后写命令控制字。

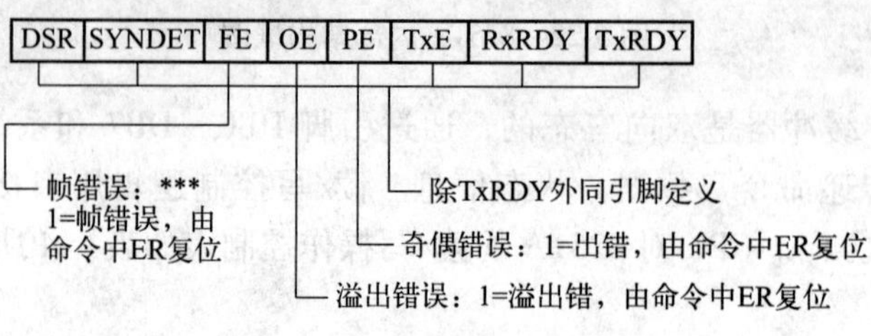

① TxRDY 位：当数据缓冲器空时置位，而 TxRDY 引脚只有当条件（数据缓冲器空 · $\overline{CTS}$ · TxE）成立时才置位。

② 溢出错误：CPU 没读走前一个字符，下一个字符又接收到，称为溢出错误。

③ 帧错误：在字符结尾没检测到停止位，称为帧错误。

④ TxRDY 位：当数据缓冲器空时置位，而 TxRDY 引脚只有当条件（数据缓冲器空 · $\overline{CTS}$ · TxE）成立时才置位。

⑤ 溢出错误：CPU 没读走前一个字符，下一个字符又接收到，称为溢出错误。

⑥ 帧错误：在字符结尾没检测到停止位，称为帧错误。

3. 实验内容

实验原理图如图 5-23 所示，8251A 的片选地址为 050 ~ 05F，8251A 的 C/D 接 ADD0，因此，8251A 的数据口地址为 050H，命令/状态口地址是 051H，8251A 的 TxCLK 接系统时钟的 2 分频输出 PCLK（2.385 MHz），图中接收时钟 RxCLK 和发送时钟 TxCLK 连在一起接到 8253A 的 OUT1，8253A 的 OUT1 输出频率不小于 79.5 kHz。

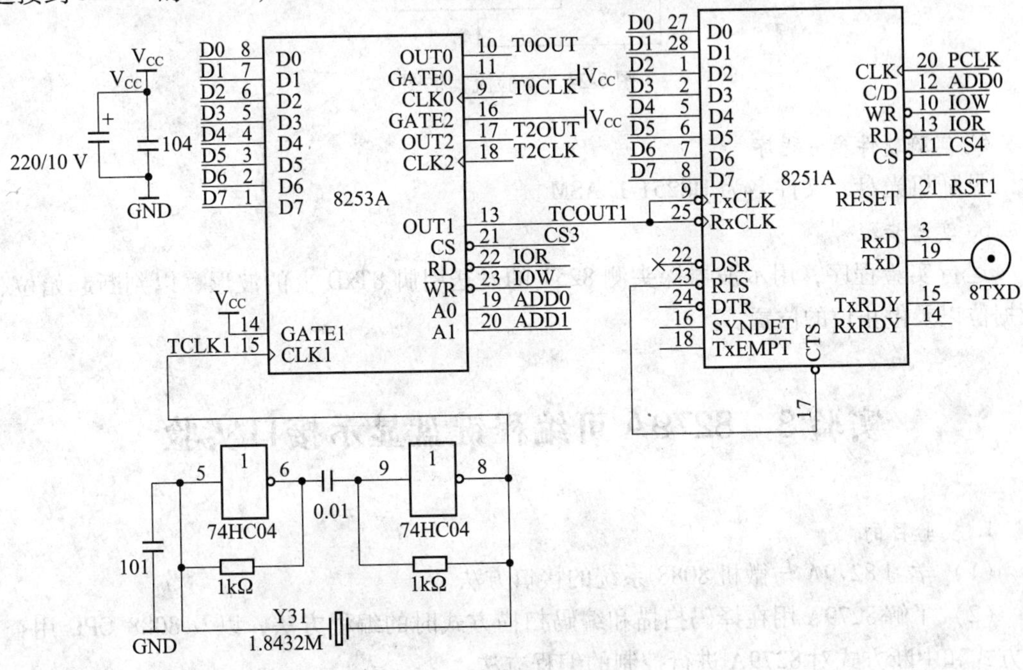


图 5-23　实验原理图

本实验采用 8251A 异步方式发送，波特率为 9 600Bd，因此 8251A 发送器时钟输入端 TXC 输入一个 153.6 kHz 的时钟（9600 × 16）。这个时钟就有 8253A 的 OUT1 产生。8253A 的 CLK1 接 1.8432 MHz，它的 12 分频正好是 153.6 kHz。故 8253A 计数器 1 设置为工作方式 3-方波频率发生，其计数初值为 000CH。

本实验发送字符的总长度为 10 位，1 个起始位（0），8 个数据位（D0 在前），1 个停止位（1），发送数据为 55H，反复发送，以便用示波器观察发送端 TxD 的波形。通过查询 8251A 状态字的第 0 位（TxRDY）来判断 1 个数据是否发送完毕，当 TxRDY = 1 时，发送数据缓冲器空。

4. 实验流程框图

实验流程框图如图 5-24 所示。

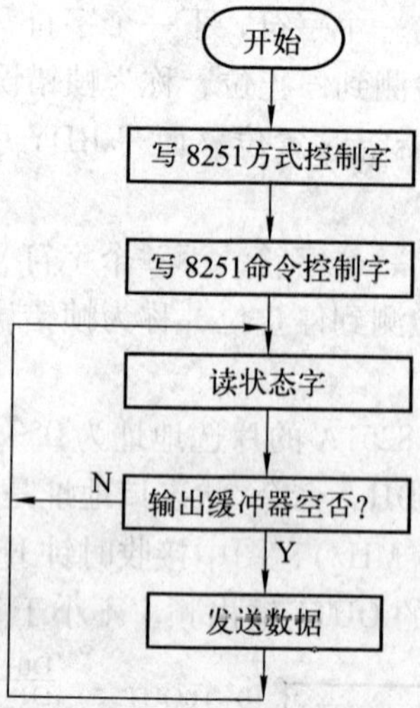


图 5-24 实验流程框图

5. 实验软件参考程序

见随机光盘，文件名为 H8251-1. ASM。

6. 实验步骤

运行实验程序，用示波器探头测 8251 的发送引脚 8TxD 上的波形，以判断起始位、数据位以及停止位的位置。

## 实验 8 8279A 可编程键盘显示接口实验

1. 实验目的

(1) 学习 8279A 与微机 8088 系统的接口方法。

(2) 了解 8279A 用在译码扫描和编码扫描方式时的编程方法，以及 8088 CPU 用查询方式和中断方式对 8279A 进行控制的编程方法。

2. 预备知识

8279A 是一种通用的可编程键盘/显示器接口器件，可对 64 个开关矩阵组成的键盘进行自动扫描，接收键盘上的输入信息，存入内部的 FIFO 寄存器，并在有键输入时，CPU 请求中断。8279A 内部还有一个 16×8 的显示缓冲器，能对 8 位或 16 位 LED 自动扫描，使显示缓冲器的内容在 LED 上显示出来。8279A 结构图如图 5-25 所示。

(1) 引脚功能：

① DB0 ~ DB7：双向数据总线，以便和 CPU 之间传递命令、数据和状态。

② CLK：时钟输入线，以产生内部时钟。

③ RESET：复位线，高电平有效。复位后，8279A 置为 16 位显示左边输入，编码扫描键盘，时钟系数为 31。

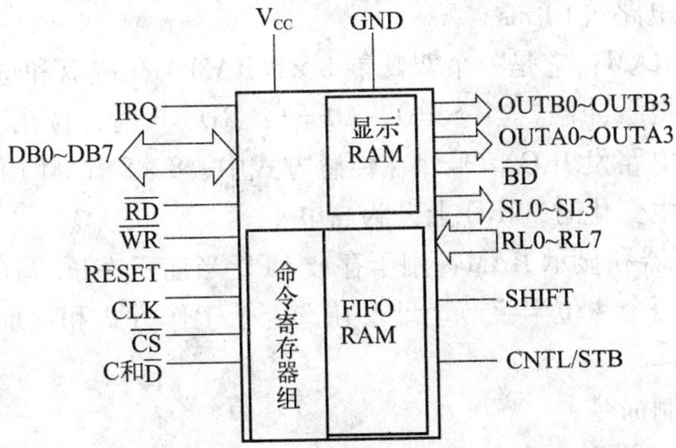

图 5-25　8279A 结构图

④ $\overline{CS}$：片选，低电平有效。

⑤ A0：地址输入线，用以区分数据线传送的是数据还是命令。A0 = 0 传送的是数据；A0 = 1 传送的是命令。

⑥ $\overline{RD}$：读信号线，低电平有效，内部缓冲器信息送 DB0 ~ DB7。

⑦ $\overline{WR}$：写信号线，低电平有效。接收数据总线上的信息写入内部缓冲区。

⑧ IRQ：中断请求输出线，高电平有效。当 FIFO RAM 中有键输入数据时，IRQ 变为高电平，向 CPU 请求中断。CPU 读出 FIFO RAM 时，IRQ 变为低电平，若 RAM 中还有数据，IRQ 又返回高电平，直至 RAM 中为空，IRQ 才保持低电平。

⑨ SL0 ~ SL3：输出扫描线，用以对键盘/传感器矩阵和显示器进行扫描。

⑩ RL0 ~ RL7：键盘/传感器矩阵的行（列）数据输入线。其内部有上拉电阻，使之保持高电平。

⑪ SHIFT：换挡输入线，内部有上拉电阻，使之保持高电平。

⑫ CNTL/STB：控制/选通输入线，内部有上拉电阻，使之保持高电平。

⑬ OUTA0 ~ OUTA3：4 位输出口。

⑭ OUTB0 ~ OUTB3：4 位输出口。

这两个口是 16 ×4 显示器更新寄存器的输出端，输出的数据和 SL0 ~ SL3 上信号同步，用于多位显示器显示。

⑮ $\overline{BD}$：显示消隐输出线，低电平有效。

⑯ $V_{CC}$：地。

（2）8279A 内部结构：

① 8279A 内部具有时序控制逻辑，通过控制和时序寄存器存放键盘和显示器的工作方式和其他状态信息。内部还包含有 $N$ 分频器，分频系数为 $N$，由 2 ~ 31 之间任一数可编程确定，对 CLK 上时钟进行 $N$ 分频以产生基本的 100 kHz 的内部计数信号（扫描时间为 5.1 ms，去抖动时间为 10.3 ms）。

② 8279A 内部的扫描计数器有两种工作方式：一是编码方式，计数器以二进制方式计数，4 位计数器的状态直接从 SL0 ~ SL3 上输出，由外部译码对 SL0 ~ SL3 译码产生键盘和显示的扫描信号，高电平有效；二是译码方式，对计数器的低两位译码后从 SL0 ~ SL3 上输出，作为 4 ×8 键盘和 4 位显示器的扫描信号，低电平有效。

③ 8279A 在键盘工作时，由输入缓冲区锁存 RL0 ~ RL7 上的信息，以确定键入情

况，其内部有去抖动电路（10 ms）。

④ FIFO/传感器 RAM：它是一个双功能 8 × 8 RAM，在键盘和选通输入方式中，它是一个先进先出的数据缓冲器。当 $\overline{CS}=0$，A0 = 1；$\overline{RD}=0$ 时，读出 FIFO 的内容；FIFO 中有数据时，由控制电路发 IRQ 信号，在传感方式中，8 × 8 RAM 用作传感器 RAM，当检测到某个传感器发生变化时，IRQ 上升为高电平。

⑤ 显示地址寄存器和显示 RAM：用于存放 CPU 当前正在读/写的显示 RAM 单元地址，以及正在显示的两个 4 位半字节地址。在选定了工作方式和地址后，CPU 可直接读出显示 RAM 中的内容。

（3）8279A 的控制命令：

① 键盘显示器方式设置命令。

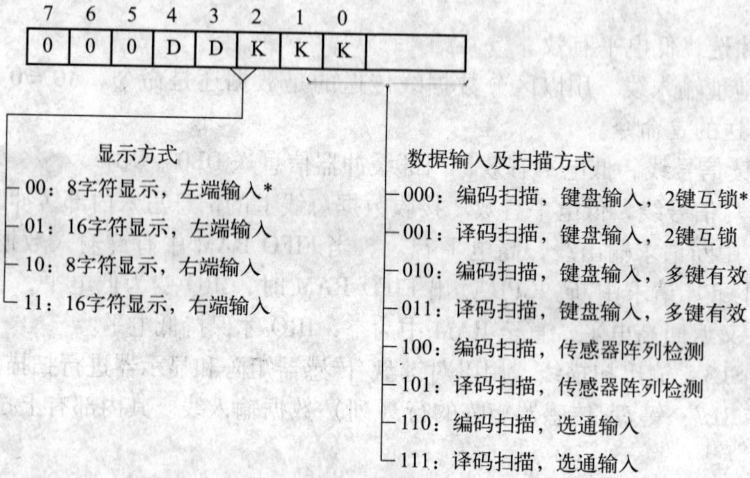


其中“＊”表示按 RESET 键后，设定为该种方式。

② 扫描频率控制命令。

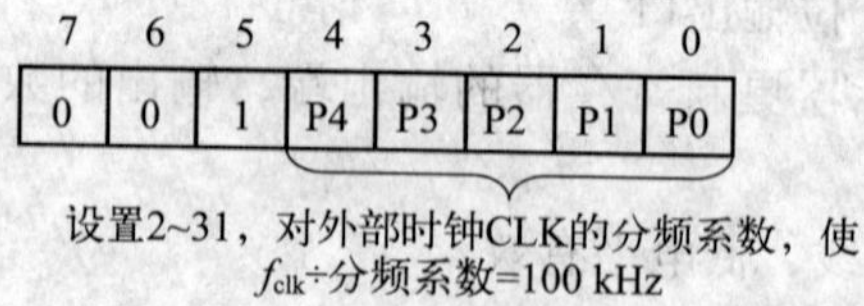


其中“＊”表示按 RESET 键后，P4 ~ P0 = 31

③ 读 FIFO 前设置的读地址命令。

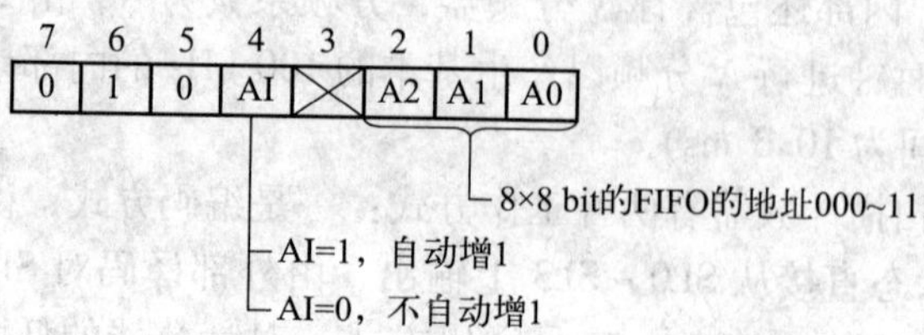


④ 读显示 RAM 前设置的读地址命令。

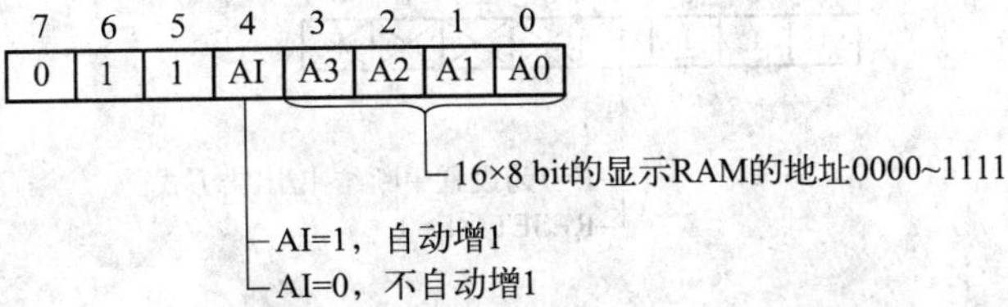


⑤ 写显示 RAM 前设置的写地址命令。

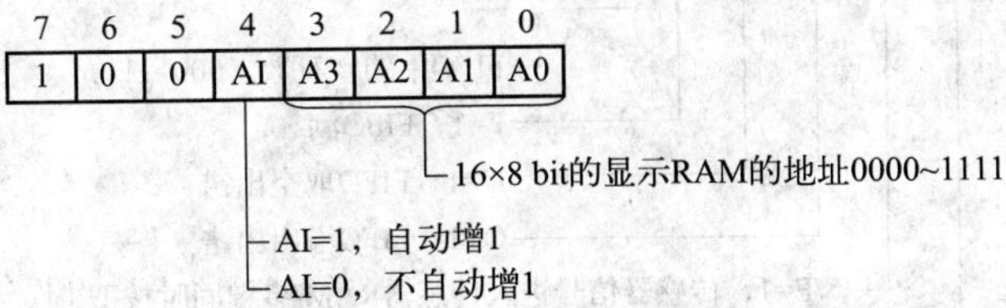


⑥ 显示 RAM 写入禁止/消隐命令（BCD 码显示用）。

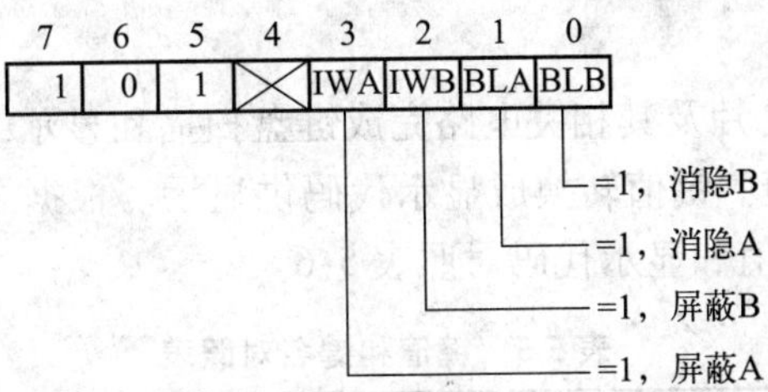


⑦ 显示 RAM 的位与输出引脚的对应关系。

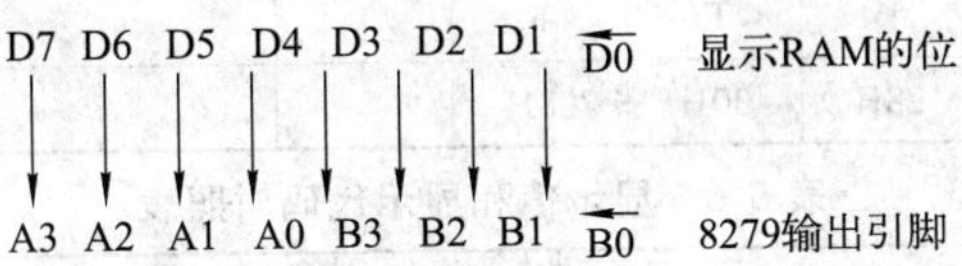


⑧ 清除 FIFO 状态字、显示 RAM 清除命令。

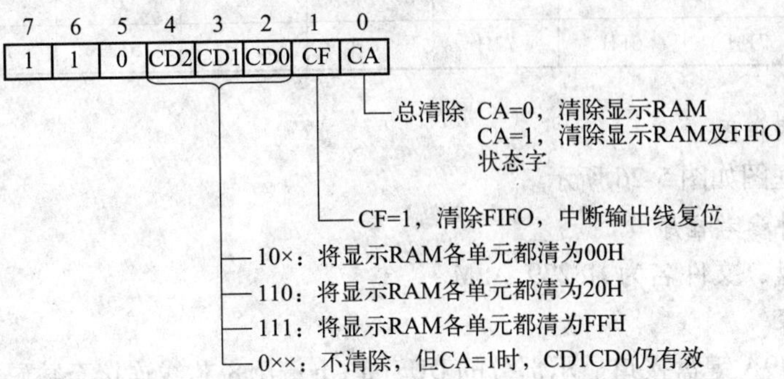


说明：清除显示 RAM 约需 160 μs，此时 FIFO 状态字最高位 Du = 1，表示显示无效，CPU 不能向显示 RAM 写入数据。

⑨ 中断结束/出错方式设置命令。

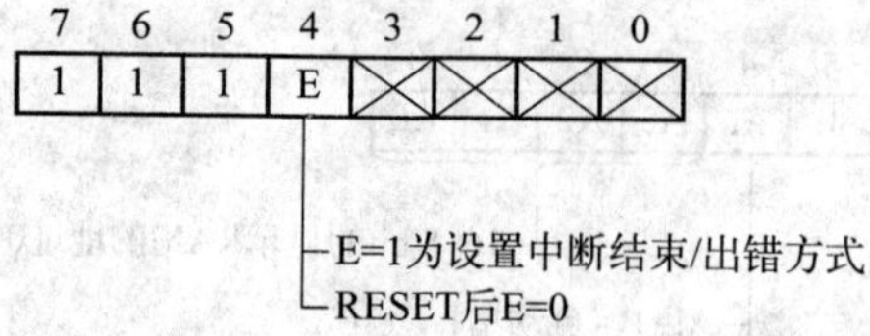


（4）FIFO 状态字：

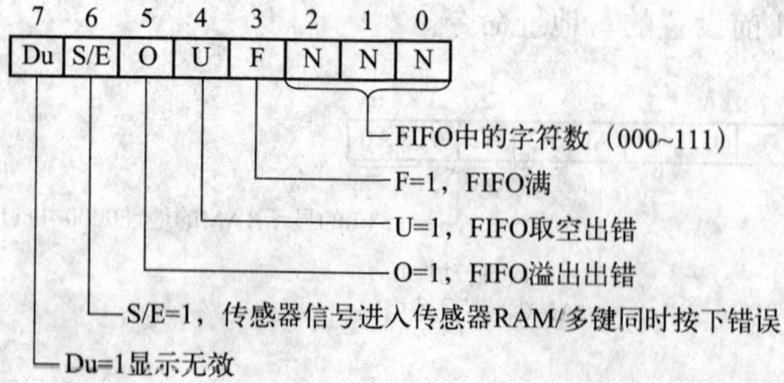


FIFO 状态字由控制字口读入。

3. 实验内容

系统中 8279A 接口芯片及其相关电路完成键盘扫描和显示，本实验以查询方式获取键盘状态信息，读取键值。键值转换成显示代码供显示。根据结构图 5-25，得到键值和键名的对照表 5-5，显示值和显示代码对照表 5-6。

**表 5-5　键值和键名对照表**

| 键名 | 0 | 1 | 2 | 3 | 4 | 5 | 6 | 7 | 8 | 9 | A |
|---|---|---|---|---|---|---|---|---|---|---|---|
| 键值 | 23H | 2BH | 33H | 3BH | 22H | 2AH | 32H | 3AH | 21H | 29H | 31H |
| 键名 | B | C | D | E | F | | | | | | |
| 键值 | 39H | 20H | 28H | 30H | 38H | | | | | | |

**表 5-6　显示值和显示代码对照表**

| 显示值 | 0 | 1 | 2 | 3 | 4 | 5 | 6 | 7 |
|---|---|---|---|---|---|---|---|---|
| 显示代码 | 3FH | 06H | 5BH | 4FH | 66H | 6DH | 7DH | 07H |
| 显示值 | 8 | 9 | A | B | C | D | E | F |
| 显示代码 | 7FH | 6FH | 77H | 7CH | 39H | 5EH | 79H | 71H |

4. 实验流程框图

实验流程框图如图 5-26 所示。

5. 实验软件参考程序

见随机光盘，文件名为 H8279. ASM。

6. 实验步骤

（1）将 8279A 键盘接口显示部分的 DU（a ~ h）用 8 芯线连接至数码管显示区的 DU（a ~ h），BIT 连接至数码管显示区的 BIT。KH 连键盘区 KH，KL 连键盘区的 KL。

（2）运行实验程序。在数码管上显示“8279-1”，在小键盘上输入数字键。

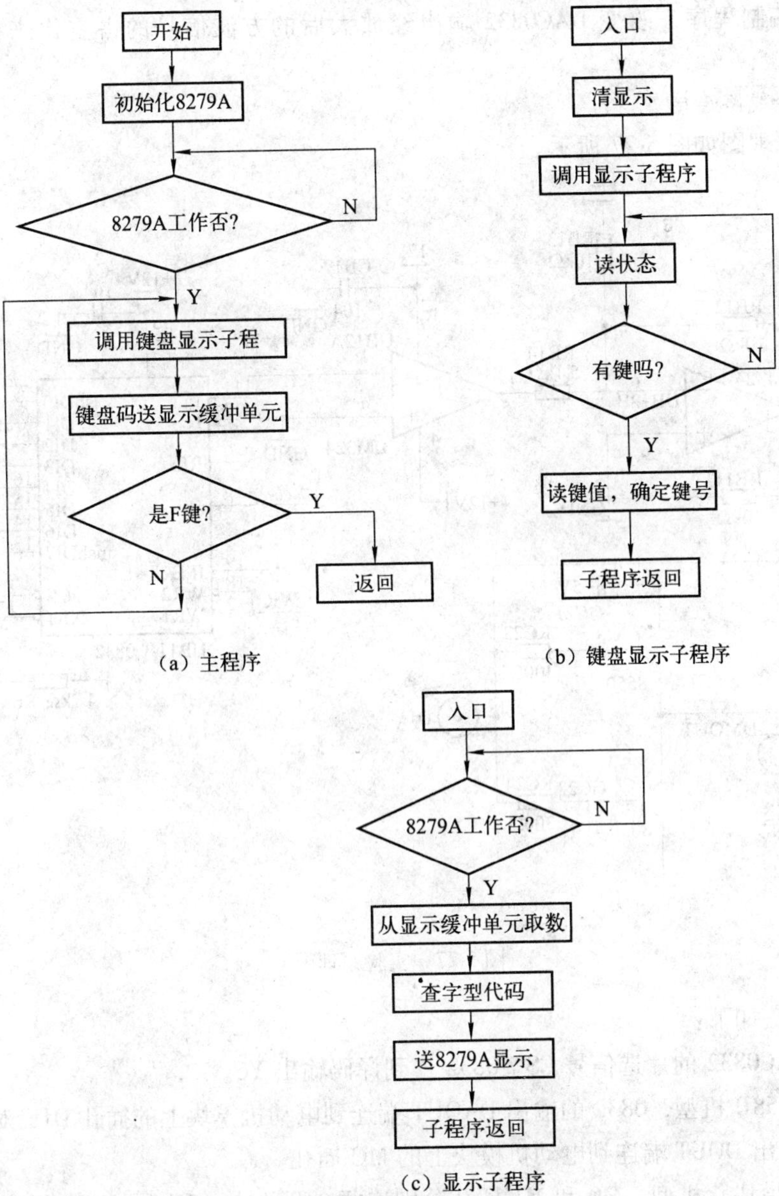


图5-26 实验流程框图

# 实验9 小直流电动机调速实验

1. 实验目的

(1) 掌握直流电动机的驱动原理。

(2) 了解直流电动机调速的方法。

2. 实验内容

(1) 用DAC0832D/A转换电路的输出，经放大后驱动直流电动机。

（2）编制程序，改变 DAC0832 输出经放大后的方波信号的占空比来控制电动机转速。

**3. 实验线路连接**

实验原理图如图 5-27 所示。

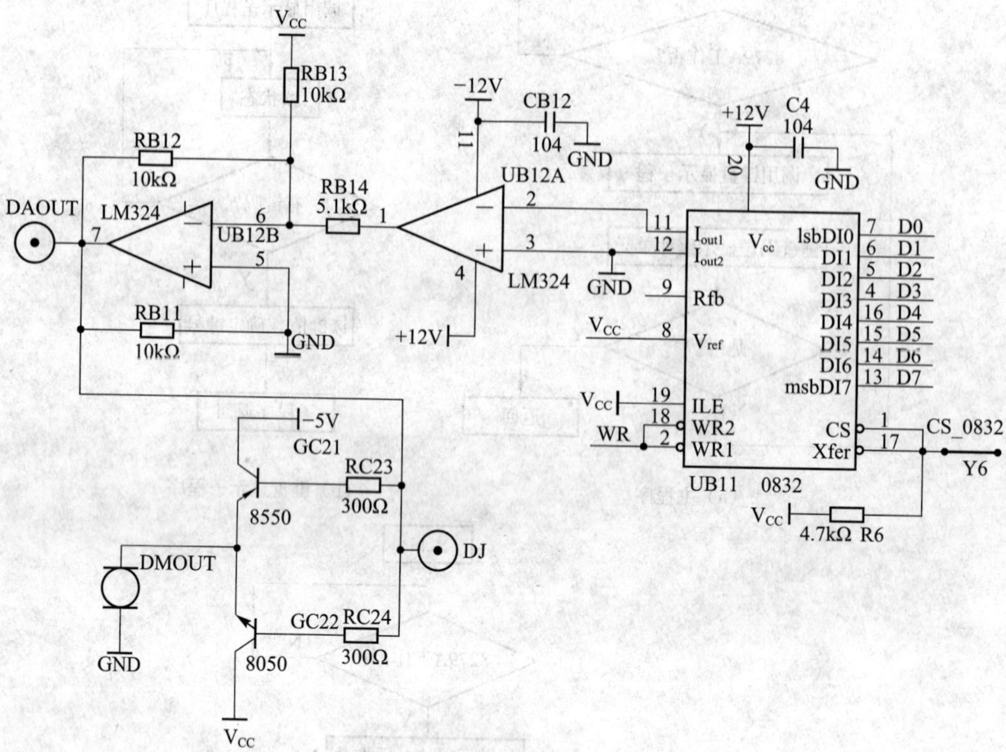


图 5-27 实验原理图

连接方法如下：

（1）DAC0832 的片选信号 CS_ 0832 连到译码输出 Y6。

（2）对 58B 机型，0832 的输出 DAOUT 端连到电动机模块上的插孔 DJ，对模块化机型 0832 的输出 DOUT 端连到电动机模块上的 MC 插孔。

（3）对模块化机型，M0 和 M1 插孔分别连两个开关或 +5V 和 GND，以控制电动机的正反转。

注意：（1）图 5-27 为 58B 机型的实验原理图。

（2）本实验箱上可以通过光电管测速，FOUT 有脉冲输出，通过测量脉冲频率可以测速。

**4. 实验流程框图**

实验流程框图如图 5-28 所示。

**5. 实验软件参考程序**

见随机光盘，文件名为 HDMTO. ASM。

**6. 实验步骤**

（1）确认连线正确性。

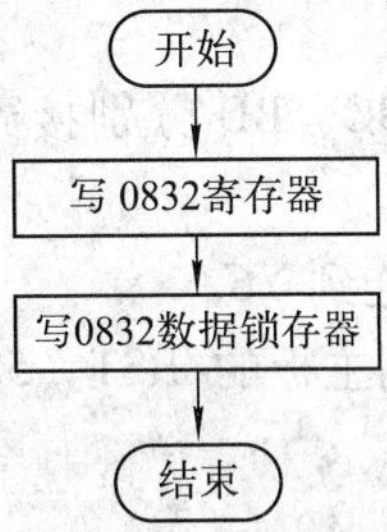


图 5-28　实验流程框图

（2）从起始地址开始连续运行程序，观察直流电动机的转速。

# 实验 10　步进电动机控制

1. 实验目的

（1）了解步进电动机控制的基本原理。

（2）掌握步进电动机转动编程方法。

2. 预备知识

步进电动机驱动原理是通过对其每相线圈中电流的顺序切换来使电动机作步进式旋转。驱动电路由脉冲信号来控制，所以调节脉冲信号的频率便可改变步进电动机的转速，用微计算机控制步进电动机最适合。

3. 实验内容

（1）用 74LS273 挂接在数据总线上，输出控制脉冲，由 UN2003 驱动步进电动机转动。

（2）硬件线路原理图如图 5-29 所示。

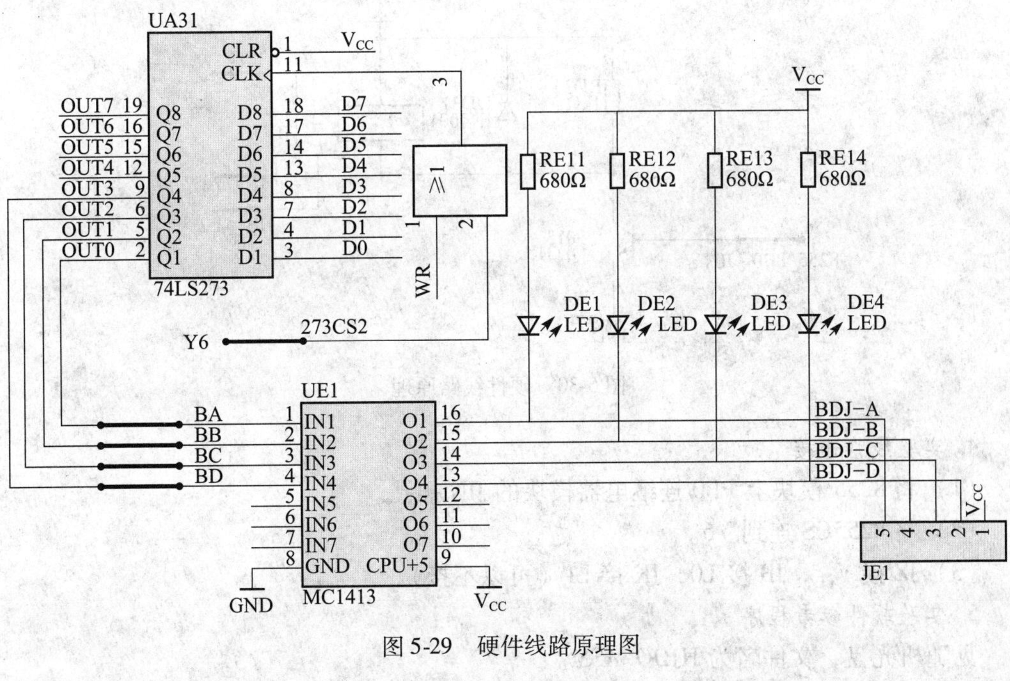

图 5-29　硬件线路原理图

4. 实验线路连接

（1）电动机模块上 BA、BB、BC、BD 分别接到输入/输出模块上 74LS273 的输出 OUT0 ~ OUT3。

（2）输入/输出模块上 273CS2 连到 Y6。

（3）输入/输出模块上 CLR 连到主板的/RST（58B 机型该线不连）。

5. 实验软件参考程序

见随机光盘，文件名为 HBJMTO. ASM。

6. 实验步骤

按图 5-29 连好实验线路图，运行实验程序，观察步进电动机的转动情况。

# 实验 11　继电器控制

1. 实验目的

掌握用继电器控制的基本方法和编程。

2. 预备知识

现代自动化控制设备中都存在一个电子与电气电路的互相连接问题，一方面要使电子电路的控制信号能够控制电气电路的执行元件（电动机、电磁铁、电灯等）；另一方面又要为电子电路的电气提供良好的电隔离，以保护电子电路和人身的安全，电子继电器便能完成这一桥梁作用。

3. 实验内容

（1）利用 8255 PB0 输出高低电平，控制继电器的开合，以实现对外部装置的控制。

（2）硬件线路原理如图 5-30 所示。

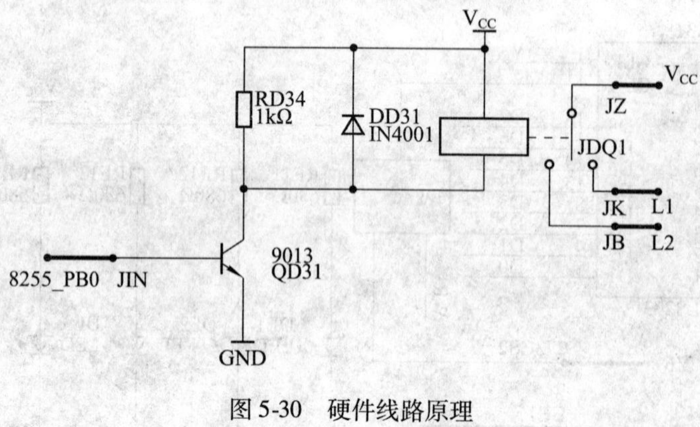


图 5-30　硬件线路原理

4. 实验线路连接

（1）将 8255 模块上 PB0 连继电器模块的 JIN 插孔。

（2）将 8255CS 连到 Y6。

（3）JZ 接 $V_{CC}$，JB 接 L0，JK 接 L1（可以不接）。

5. 实验软件参考程序

见随机光盘，文件名为 HJDQ. ASM。

6. 实验步骤

（1）按图 5-30 连好实验线路图。

（2）运行实验程序，继电器应循环吸合，如果接 L0 和 L1，L0 和 L1 应交替亮灭。

# 实验 12　存储器读/写实验

1. 实验目的

（1）熟悉静态 RAM 的使用方法，掌握 8088 微机系统扩展 RAM 的方法。

（2）熟悉静态 RAM 读/写数据编程方法。

2. 实验内容

对指定地址区间的 RAM（2000H ~ 23FFH）先进行写数据 55AAH，然后将其内容读出再写到 3000H ~ 33FFH 中。

3. 硬件电路

系统中已连接好。

4. 实验软件参考程序

见随机光盘，文件名为 HRAM. ASM。

5. 实验步骤

（1）运行实验程序。

（2）稍后按 RESET 键退出，用存储器读方法检查 2000H ~ 23FFH 中的内容和 3000H ~ 33FFH 中的内容应都是 55AA。

# 实验 13　使用 8237A 可编程 DMA 控制器实验

1. 实验目的

（1）掌握 8237A 可编程 DMA 控制器和微机的接口方法。

（2）学习使用 8237A 可编程控制器，实现数据直接快速传送的编程方法。

2. 预备知识

存储器直接访问（DMA）技术，用以实现高速 CPU 和高速外设之间的大量数据传输。利用 DMA 方式传送数据时，数据的传送过程完全由硬件控制。其工作过程如下：

（1）外设向 DMA 控制器发 DMA 请求。

（2）DMA 控制器向 CPU 发请求。

（3）CPU 执行完现行的总线周期，向 DMA 控制器发回答信号。

（4）CPU 出让数据、地址及控制总线，由 DMA 控制接管。

（5）进行 DMA 传输，传输的内存地址、字节数由 DMA 控制器控制。

（6）规定的字节数传完，DMA 撤销向 CPU 的请求信号，CPU 重新控制总线。

当然，据此 DMA 传送不仅适用于高速外设和存储器间的数据传递，也适用于存储器与存储器间、外设与外设之间的数据传送。

（1）8237 A 可编程 DMA 控制器结构和信号名称。

8237A 可编程 DMA 控制器内部结构如图 5-31 所示。主要由如下几部分组成：

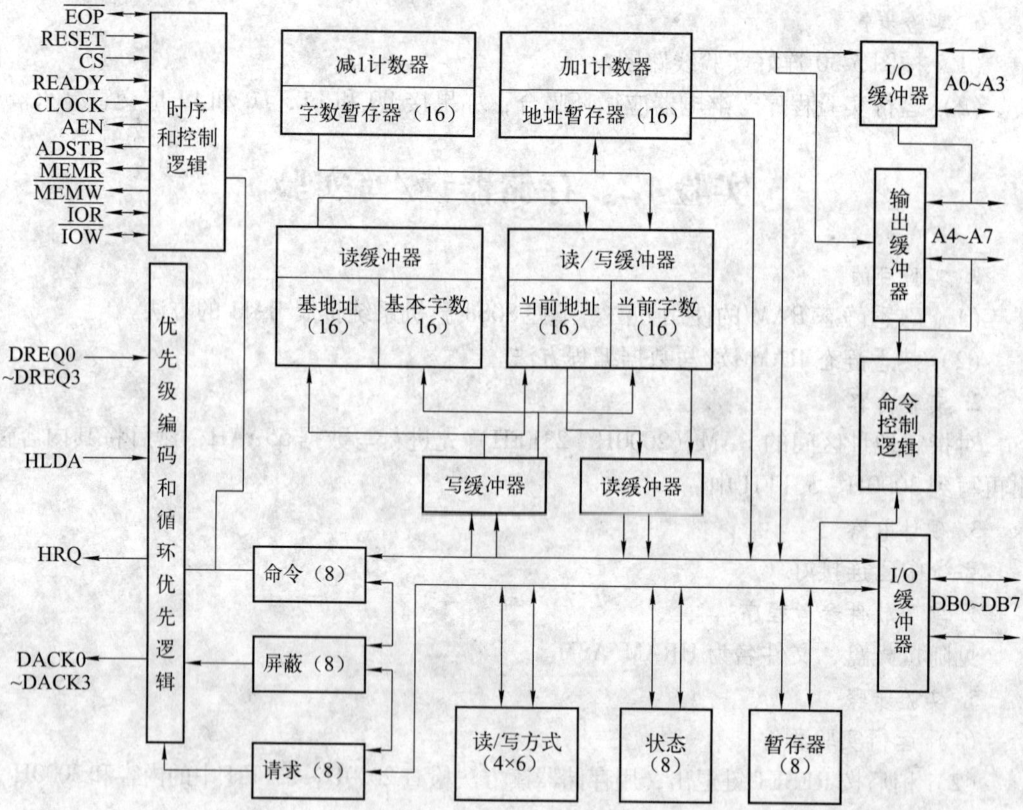


图 5-31　8237A 内部结构

① 时序和控制逻辑：接收外部时钟及片选信号，产生内部时序和读/写控制信号及地址输出信号。

• CLOCK：外时钟输入，控制数据传输速率。

• $\overline{\text{CS}}$：片选低电平有效。

• RESET：复位输入，高电平有效，置位屏蔽寄存器，清除其余寄存器。

• READY：准备好信号，高电平有效。当选用慢速器件时，需延长总线周期，使READY 为低电平，一旦传输完成，READY 变为高电平，表示准备好，可以进行下一次传输。

• AEN：地址允许输出，高电平有效。

• $\overline{\text{MEMR}}$：存储器读输出，低电平有效（三态）。

• $\overline{\text{MEMW}}$：存储器写输出，低电平有效（三态）。

• $\overline{\text{IOR}}$：输入/输出口读，为双向三态，低电平有效。在空闲周期作为输入，用于读取内部寄存器；在芯片操作期，作为输出，从输入/输出器件读出数据。

• $\overline{\text{IOW}}$：输入/输出写，双向三态，低电平有效。在芯片空闲周期，作为输入信号，用于 CPU 将信息写入内部寄存器；在芯片操作周期，作为输出信号，将数据写入输入/输出器件中。

• $\overline{\text{EOP}}$：过程结束双向信号线，低电平有效。当外部信号加到$\overline{\text{EOP}}$脚时，DMA 传输被终止；任一通道上当计数终止时，产生一个有效的$\overline{\text{EOP}}$输出信号。终止 DMA 服务并复位内部寄存器。

② 优先级编码和循环优先逻辑：对同时提出的多个 DMA 通道进行优先级排队。

8237A 有两种优先级编码（固定优先级和循环优先级）。

• 固定优先级：通道 0 最高，依次类推。

• 循环优先级：本次循环中，最近的一次服务的通道在下次循环中变成最低。

• DREQ0 ~ DREQ3：4 个 DMA 通道请求信号，有效电平通过编程确定，芯片复位处于低电平。

• HRQ：总线请求输出信号，高电平有效。

• HLDA：总线保持响应输入信号，高电平有效。表示芯片取得总线控制权。

• DACK0 ~ DACK3：4 个通道的 DMA 应答输出信号，以通知外设，有效电平编程确定。

③ 命令控制逻辑：对 CPU 送来的命令进行译码，程序命令表如表 5-7 所示。



**表 5-7　程序命令表**

| A3 | A2 | A1 | A0 | 读　操　作 | 写　操　作 |
|---|---|---|---|---|---|
| 1 | 0 | 0 | 0 | 读状态寄存器 | 写命令寄存器 |
| 1 | 0 | 0 | 1 | 无效 | 写请求寄存器 |
| 1 | 0 | 1 | 0 | 无效 | 写单个通道屏蔽 |
| 1 | 0 | 1 | 1 | 无效 | 写方式寄存器 |
| 1 | 1 | 0 | 0 | 无效 | 清除先/后触发器 |
| 1 | 1 | 0 | 1 | 读暂存寄存器 | 复位芯片（主清除） |
| 1 | 1 | 1 | 0 | 无效 | 清除主屏蔽寄存器 |
| 1 | 1 | 1 | 1 | 无效 | 写主屏蔽寄存器 |

④ 数据、地址缓冲器组

• A0 ~ A3：最低 4 位地址线，双向三态。芯片空闲周期，作为输入线，用于对芯片内部寄存器的寻址；在芯片操作周期，作为输出信号，提供低 4 位地址。

• A4 ~ A7：高 4 位地址线，输出三态。在芯片操作周期，提供高 4 位地址。

• DB0 ~ DB7：8 位双向数据线。在芯片空闲周期，经$\overline{IOR}$命令，将内部寄存器值送到系统总线上；而在$\overline{IOW}$命令下，由 CPU 写内部寄存器；在芯片操作周期，作为高 8 位地址，经数据缓冲器送到地址总线上，并由 ADSTB 选通到外部锁存器，与 A7 ~ A0 组成 16 位地址。在芯片处理存储器 ~ 存储器传送期间，存储器的读出数据经数据总线送入数据缓冲器；然后在存储器写周期，此数据经数据总线装入到存储器的新单元里。

（2）8237A 可编程 DMA 控制器内部寄存器地址及功能如表 5-8 所示。

**表 5-8　DMA 控制器内部寄存器地址及功能**

| 地址 | 功　能 |
|---|---|
| 00H | 通道 0 基地址寄存器和当前地址计数器 |
| 01H | 通道 0 基字节寄存器和当前字节计数器 |
| 02H | 通道 1 基地址寄存器和当前地址计数器 |
| 03H | 通道 1 基字节寄存器和当前字节计数器 |

续表

| 地址 | 功　能 |
|---|---|
| 04H | 通道 2 基地址寄存器和当前地址计数器 |
| 05H | 通道 2 基字节寄存器和当前字节计数器 |
| 06H | 通道 3 基地址寄存器和当前地址计数器 |
| 07H | 通道 3 基字节寄存器和当前字节计数器 |
| 08H | 命令寄存器（写）/状态寄存器（读） |
| 09H | 请求寄存器（只写） |
| 0AH | 屏蔽位寄存器（只写） |
| 0BH | 方式寄存器（只写） |
| 0CH | 清除/后触发器（只写） |
| 0DH | 总清除（只写） |
| 0EH | 清除主屏蔽寄存器（只写） |
| 0FH | 写主屏蔽寄存器（只写） |
| 0DH | 暂存寄存器（只读） |

（3）8237 寄存器编程：

① 命令寄存器（地址 08H，只写）。

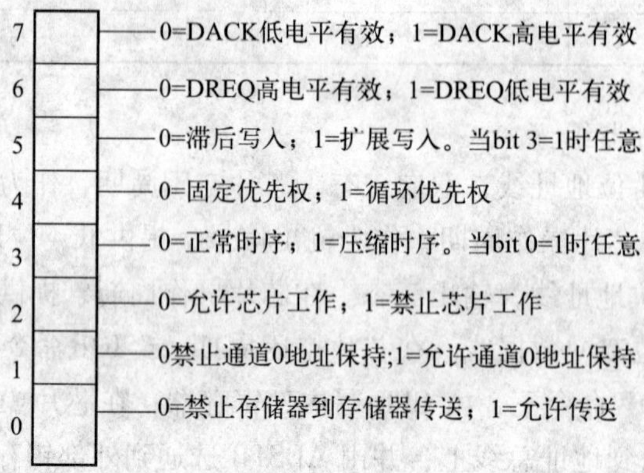


② 请求寄存器（地址 09H，只写）。

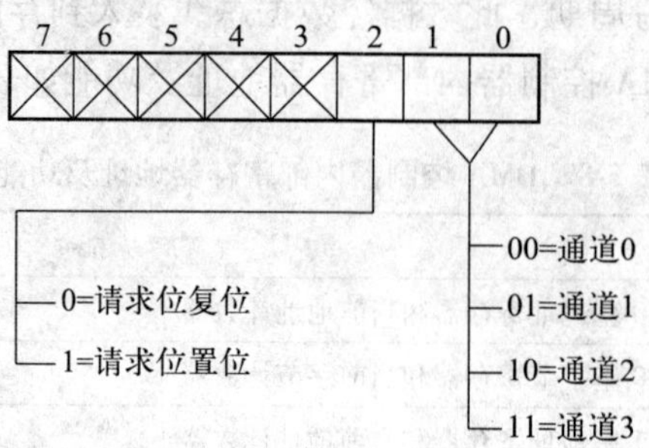


③ 屏蔽位寄存器（地址 0AH，只写）。

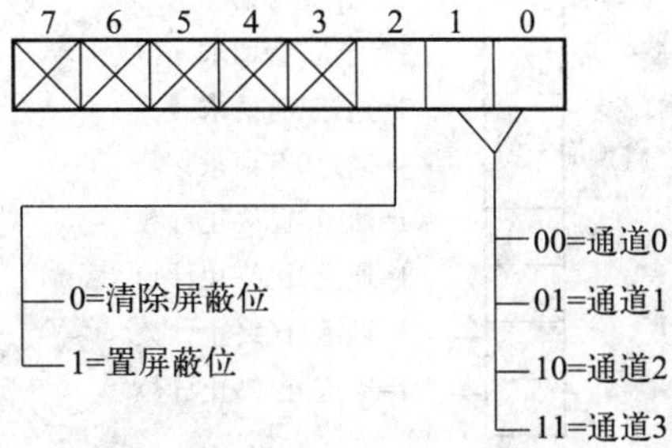


④ 方式寄存器（地址 0BH，只写）。

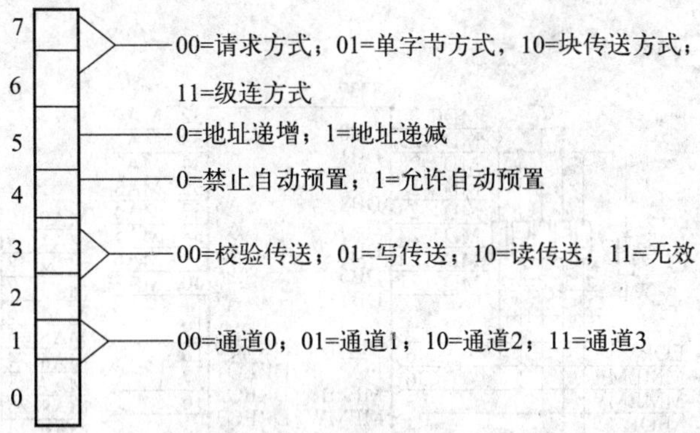


• 单字节传送方式：DMA 传送时，仅传送一个字节数据，传送后，字数计数器减 1，地址寄存器加 1 或减 1，并释放总线，将控制权交给 CPU。而在新的 HLDA（总线保持响应信号）后，下一个字节开始传输，当字数计数器从 0 减至 FFFFH 时，产生终止计数 T/C 信号。

• 块字节传输方式：在 DMA 传送周期，实现多字节的传输，直至字数计数器由 0 减到 FFFFH 时，产生终止计数信号 T/C；或外界输入一个过程结束信号 $\overline{EOP}$ 为止。这种方式下，在 DACK 变成有效之前，DREQ 应一直保持有效。

• 请求传输方式：只要没有 T/C 信号或外界过程结束信号 $\overline{EOP}$ 或 DREQ 一直有效，DMA 传送可一直进行到外设已传输完全部数据字节为止。

• 级联传输：连接多个 8237A 芯片，其中一片为主片，其余为附加片。附加片的 8237A 的 HRQ 和 HLDA 信号分别到主片的 DREQ 和 DACK 上。附加片的 DMA 请求通过主片的优先级编码电路传给 CPU，主片仅对附加片的 DREQ 请求做出 DACK 响应，本身不能输出地址和控制信号。

⑤ 主屏蔽寄存器（地址 0FH，只写）。

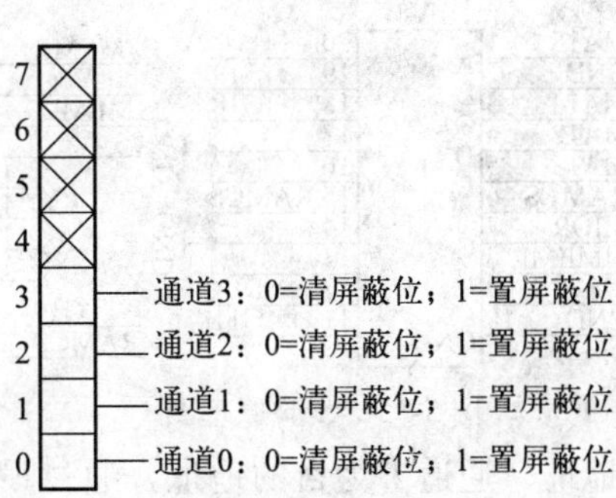


⑥ 状态寄存器（地址 08H，只读）。

3. 实验内容

实验原理图如图 5-32 所示，本实验学习使用 8237A 可编程 DMA 控制器进行 RAM 到 RAM 的数据传送方法。

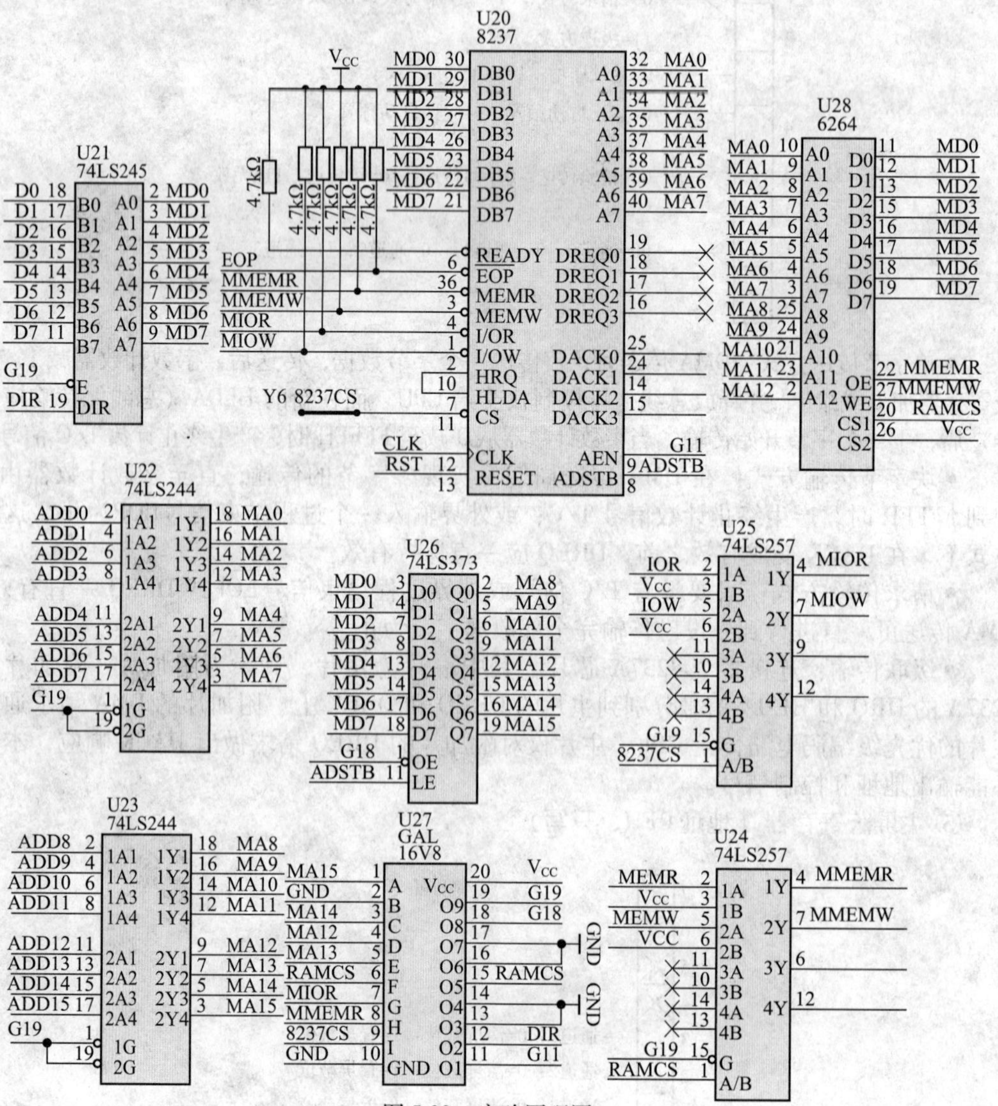


图 5-32　实验原理图

实验中规定通道 0 为源地址，通道 1 为目的地址，通过设置 0 通道的请求寄存器产生软件请求，8237A 响应这个软件请求后发出总线请求信号 HRQ，图 5-31 中 8237A 的

HRQ 直接连到 8237A 的 HLDA 上，相当于 HRQ 作为 8237A 的总线响应信号，进入 DMA 操作周期。

在 8237A 进行 DMA 传送时，当字节计数器减为 0 时，8237A 的$\overline{EOP}$引脚输出一个负脉冲，表示传送结束。$\overline{EOP}$可以作为系统的外部中断信号，通过 8259A 控制器使 CPU 判断 DMA 传递是否结束。本实验中未用$\overline{EOP}$信号。

图 5-31 中 RAM 6264 的地址为 8000 ~ 9FFF，实验要求将 RAM 6264 中地址为 8000 ~ 83FFH 的 1KB 数据传送到地址为 9000H ~ 93FFH 的区域中。为了验证传送的正确性，可在源地址（8000H ~ 83FFH）区首末几个单元填充标志字节，传送完再检查目的地址区的相应单元的标志字节是否与填入的一样。

4. **实验流程框图**

实验流程框图如图 5-33 所示。

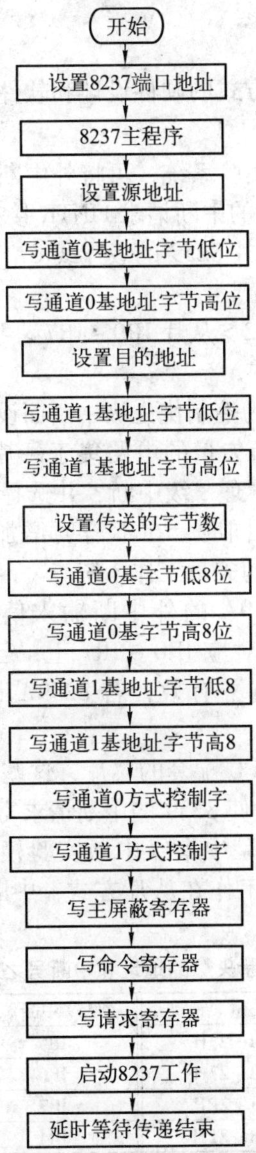


图 5-33　实验流程框图

5. 实验软件参考程序。

见随机光盘，文件名为 H8237. ASM。

6. 实验步骤

（1）将 DMA 上的 8237CS 信号插孔和译码输出插孔 Y6 相连。

（2）将 8279 键盘接口显示部分的 DU（JB51）（a～h）用 8 芯线连接至数码管显示区的 DU（a～h），BIT（JB53）连接至数码管显示区的 BIT。

（3）运行实验程序。在数码管上显示“8237-1”，待数据传送结束，显示器显示“8237 good”。

# 实验 14　8259A 串级中断控制实验

1. 实验目的

掌握 8259A 中断控制器级联方式的硬件设计和软件编程。

2. 实验内容

用 2 片 8259A 组成串级中断实验系统，可将外中断源扩展 8×2－1＝15 个，本实验从片 1IR0 上接正单脉冲 SP。从片的中断请求 1INTR 接在主片的 IRQ3 上，主片的中断请求 INT1 接在 8088 的 INTR 上，两片 8259 的级连线 CAS0～CAS2 对应相连。15 个中断源的优先权安排如下：

主片 IR0＞主片 IR1＞主片 IR2＞从片 IR0～IR7＞主片 IR3～IR7。

实验说明：

（1）中断控制器 8259A 是专为控制优先级中断而设计开发的芯片，它将中断源优先级排队，辨别中断源以及提供中断矢量的电路集于一片中。因此，无须附加任何电路，只需对 8259A 进行编程，就可以管理 8 级中断，并选择优先模式和中断请求方式，即中断结构可以由用户编程来设定。同时，在不需要增加其他电路的情况下，通过多片 8259A 的级联，能构成多达 64 级的矢量工作系统。

（2）图 5-32 中主从 2 片 8259A 的外中断输入信号 IRQ0、IRQ1、IRQ3～IRQ7 和 1IR0～1IR7都是直接连到 8259 的对应 IR0～IR7 上，若 8259A 设置成高电平触发，则 IRQ0～IRQ7，1IR0～1IR7 为高电平有效；若 8259A 设置成上升沿触发，则 IRQ0～IRQ7、1IR0～1IR7 为上升沿有效。

（3）8259A 是和 8088/8086 CPU 配套的芯片，这些 CPU 的中断响应信号 $\overline{\text{INT}}$ 当 CPU 响应中断后会自动发 3 个负脉冲，使 8259 的中断请求寄存器复位，并将 CALL 指令码及中断向量从 8259A 中取走。本实验中串级中断实验模块中有 2 片 8259A 芯片 U18 和 U19，U18 工作在主片方式，U19 工作在从片方式，中断矢量的地址和中断号之间的关系如表 5-9 所示。

**表 5-9　中断矢量的地址和中断号之间的关系**

| 8259 中断源 | 中断类型号 | 中断矢量表地址 | 8259 中断源 | 中断类型号 | 中断矢量表地址 |
|---|---|---|---|---|---|
| IR0 | 8 | 20H～23H | IR5 | D | 34H～37H |
| IR1 | 9 | 24H～27H | IR6 | E | 38H～3BH |
| IR2 | A | 28H～2BH | IR7 | F | 3CH～3FH |
| IR3 | B | 2CH～2FH | IR4 | C | 30H～33H |

实验原理图如图 5-34 所示。

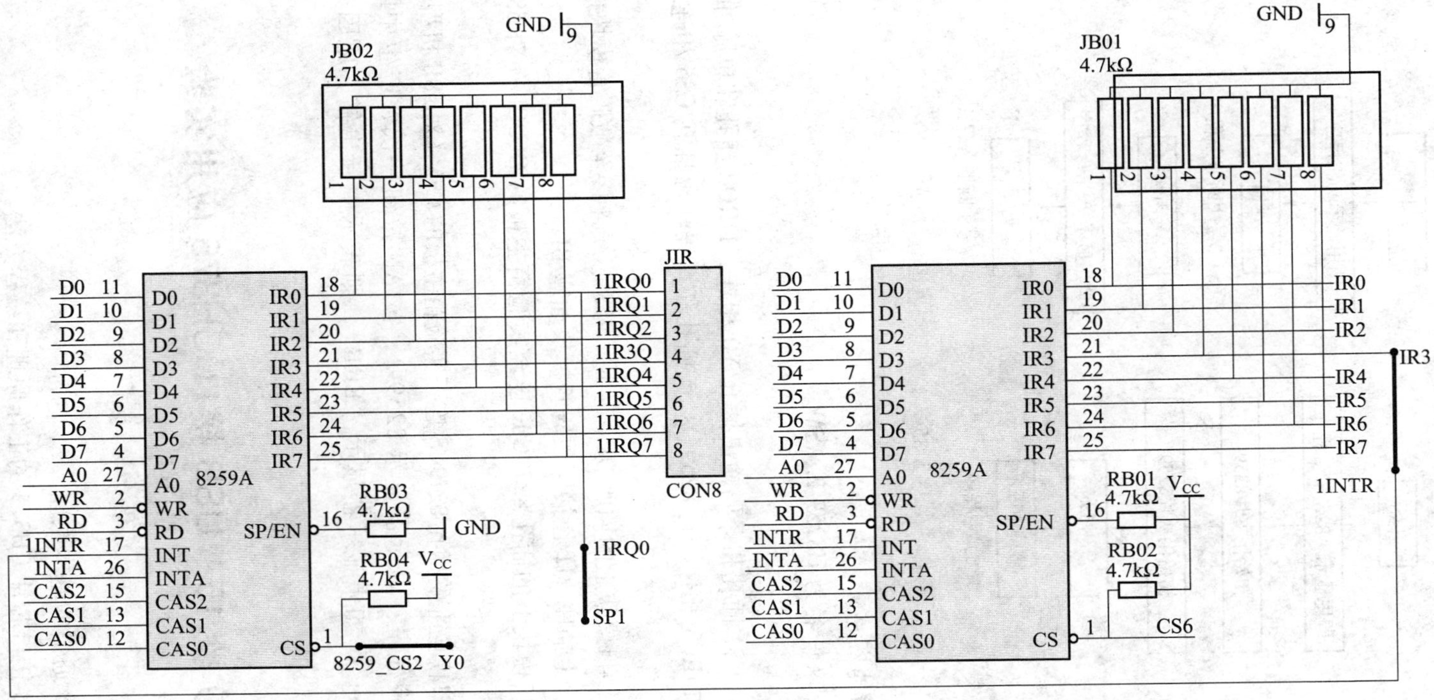
GND
JB02
4.7kΩ
JB01
4.7kΩ
8259A
8259A
JIR
CON8
1IRQ0
1IRQ1
1IRQ2
1IR3Q
1IRQ4
1IRQ5
1IRQ6
1IRQ7
RB03
4.7kΩ
RB04
4.7kΩ
$V_{CC}$
RB01
4.7kΩ
RB02
4.7kΩ
SP1
8259_CS2
Y0
CS6
IR3
1INTR
1INTR
INTR
D0 D1 D2 D3 D4 D5 D6 D7 A0 WR RD INT INTA CAS2 CAS1 CAS0
IR0 IR1 IR2 IR3 IR4 IR5 IR6 IR7 SP/EN CS

图5-34　实验原理图

3. 实验流程框图

实验流程框图如图 5-35 所示。

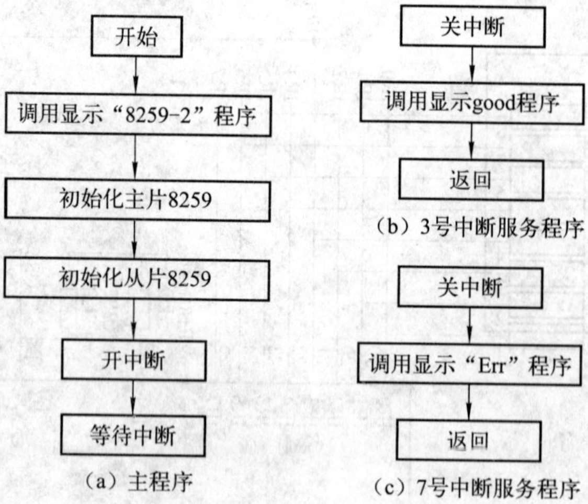


图 5-35　实验流程框图

4. 实验软件参考程序

见随机光盘，文件名为 H8259-2. ASM。

5. 实验步骤

（1）将 8259_ CS2 插孔和译码输出插孔 Y0 相连，1IRQ0 插孔和单脉冲输出 SP1 相连，1INTR 插孔和 IRQ3 相连。将 8259_ CS1 插孔和译码输出插孔 CS6 相连（对 58B 机型该线不连）。

（2）将 8279 接口模块上的插座 DU(a ~ h) 用 8 芯线连接至数码管模块插座 DU(a ~ h)，8279 接口模块上插座 BIT 连接至数码管模块插座 BIT。

（3）8279 接口模块上的插孔 8279ClK 连至实验箱主板的 CLOCK（对 58B 机型该线不连）。

（4）8279 接口模块上的插孔 8279CS 连至实验箱主板的 CS5（对 58B 机型该线不连）。

（5）运行实验程序：显示器显示 8259-2，按 AN 按钮一次，产生中断，显示器应显示“8259good”。如果显示器显示“ERR”，则表示中断出错，原因是中断触发电平不到位。

# 实验 15　USB 接口 CH375 应用实验

1. 实验目的

（1）了解 USB 通信的基本原理。

（2）掌握 USB 接口芯片 CH375 的工作原理和编程方法。

2. 预备知识

CH375 是一个 USB 总线的通用设备接口芯片，在本地端，CH372 具有 8 位数据总线和读、写、片选控制线以及中断输出，可以方便地挂接到单片机/DSP/MCU 等控制器的系统总线上；在 USB 主机方式下，CH375 还提供了串行通信方式，通过串行输入、串行输出和中断输出与单片机/MCU/MPU 等相连接。

更详细的内容参看光盘里的相关文档目录中的 CH573. PDF。

3. 实验线路连接

（1）CH375INT 连接中断控制区的 IRQ0。

（2）CH375CS 连 Y0。

（3）将 8279 接口模块上的插座 DU（JB51）（a ~ h）用 8 芯线连接至数码管模块插座 DU（a ~ h），8279 接口模块上插座 BIT（JB53）连接至数码管模块插座 BIT。

（4）8279 接口模块上的插孔 8279ClK 连至实验箱主板的 CLOCK（对 58B 机型该线不连）。

（5）8279 接口模块上的插孔 8279CS 连至实验箱主板的 CS5（对 58B 机型该线不连）。

（6）用 USB 连接线连接计算机与 USB 通信区域的 JUSB 插座。

4. 实验软件参考程序

见随机光盘，文件名为 CH375. ASM。

5. 实验步骤

（1）按照实验连线接好所有的线。

（2）运行程序，数码管显示“CH375-1”。

（3）首次运行需安装 USB 驱动程序，根据计算机的提示进行安装，驱动程序在目录 USB/CH372DRV 下。

（4）打开提供的上位机软件 DEMO. EXE（在目录 USB/CH372DEMO 中）。

（5）点击上面文本框输入“0 ~ F”十六进制的数，在实验设备相应的数码管上显示对应的值，输入空格则该位不亮。

## 实验 16　用 8253A 和 8259A 实现电子表

1. 实验目的

（1）学习 8253A 编程定时/计数器的工作方式。

（2）掌握中断控制器 8259A 与微处理机接口的原理和方法。

（3）掌握中断控制器 8259A 的应用编程。

2. 实验内容

利用 8253A 的定时器功能。8253A 的 4 个端口地址为 48H、49H、4AH、4BH，本实验采用 8253A 的通道 2，工作在方式 3（方波发生器方式）输入 CLK2 为 1 MHz。先给 8253A 的初始值 0C350H，循环计数。即一次计数完后，自动装入初始值。输出 T2OUT 作为 8259A 的输入脉冲。8259A 有两个口地址，本实验为 20H 和 21H，其中 20H 用来写 ICW1，21H 用来写 ICW2、ICW4，本实验中 8259A 为单片，边沿触发，采用 3 号中断源，即 IRQ3 和 8253A 输出口 T2OUT 相连，每过 1/20s 接收到一个中断，向 8259A 发出中断请求信号，如果电平信号不符合要求，则自动转到 7 号中断，显示“ERR”，CPU 响应后，在中断处理程序中，对中断次数进行计数，记满 20 次，把时间缓冲区中的时间加1，并将其输入到显示缓冲区，以便显示器显示更新后的时间。

计数初值的计算：1/1 000 000 × $X$ = 1/20$X$ = 50 000D = 0C350H（用1 MHz 信号产生1/20 s 方波）。

3. 实验线路连接

（1）8253A 芯片的 CLK2 引出插孔连分频输出插孔 T1（1MHz）。

（2）8259A 的 IRQ3 插孔和 8253A 的 OUT2 插孔相连。

（3）将 8279A 接口模块上的插座 DU（JB51）（a ~ h）用 8 芯线连接至数码管模块插座 DU（a ~ h），8279A 接口模块上插座 BIT（JB53）连接至数码管模块插座 BIT。

（4）8279A 接口模块上的插孔 8279ClK 连至实验箱主板的 CLOCK（对 58B 机型该线不连）。

（5）8279A 接口模块上的插孔 8279CS 连至实验箱主板的 CS5（对 58B 机型该线不连）。

4. 实验软件参考程序

见随机软件，文件名为 ECLOCK. ASM。

5. 实验步骤

（1）连接好实验线路。

（2）运行程序，实验仪显示器上显示一电子钟。

# 实验 17　用 D/A、A/D 实现闭环测试

1. 实验目的

（1）加深理解逐次逼近法模数转换器的特征和工作原理，掌握 ADC0809 的接口方法以及 A/D 输入程序的设计和调试方法。

（2）熟悉 DAC0832 数模转换器的特性和接口方法，掌握 D/A 输出程序的设计和调试方法。

2. 实验内容

（1）实验原理：本实验采用 DAC0832 和 ADC0809 做数模转换和模数转换闭环测试实验，即将数模转换器输出的模拟量作为模数转换器的模拟量输入，并比较 D/A 设定的数字量与 A/D 读出的数字量，从而得出实验结论。由于 DAC0832 有数据锁存器、选片、读/写控制信号线，故可与 8088 CPU 总线直接接口，但只有一路模拟量输出，且为单极型电压输出。DAC0832 工作于单缓冲方式，它的 ILE 接 +5 V，$\overline{\text{CS}}$和$\overline{\text{XFER}}$相接后作为 0832 芯片的片选 0832CS。这样，对 DAC0832 执行一次写操作就把一个数据直接写入 DAC 寄存器、模拟量输出随之而变化。

进行 D/A 转换只需如下两条命令：

```
MOV     AL，DATA0      ；DATA0 为设定的待要转换的数字量
OUT     DAPORT，AL     ；DAPORT 为 DAC0832 的端口地址，数字量送端口
```

ADC0809 是一种 8 路模拟输入、8 位数字输出的逐次逼近法 A/D 器件，转换时间约 100 μs，转换精度为 ±1/512，适用于多路数据采集系统。ADC0809 片内有三态输

出的数据锁存器，故可以与8088微机总线直接接口。ADC0809的CLK信号接1 MHz，基准电压ref+接$V_{cc}$。一般在实际应用系统中应该接精确+5 V，以提高转换精度，ADC0809片选信号0809CS和$\overline{IOW}$、$\overline{IOR}$经逻辑组合后，去控制ADC0809的ALE、START、ENABLE信号。ADC0809的转换结束信号EOC未接，如果以中断方式实现数据采集，需将EOC信号线接至中断控制器8259A的中断源输入通道。本实验以延时方式等待A/D转换结束，ADC0809的通道号选择线ADD-A、ADD-B、ADD-C接系统地址线的低3位，因此ADC0809的8个通道值地址分别为00H、01H、02H、03H、04H、05H、06H、07H。

启动本A/D转换只需如下两条命令：

```
MOV    AL, DATA     ; DATA 为通道值
OUT    ADPORT, AL   ; ADPORT 为 ADC0809 端口地址，通道值送端口
```

读取A/D转换结果用下面一条指令：

```
IN    AL, ADPORT
```

（2）实验软件编程提示：0832芯片输出产生锯齿波，只须由AL中存放数据的增减来控制。当AL中数据从0逐渐增加到FF产生溢出，再从00增大到FF，不断循环，从而产生连续不断的锯齿波。与此相对应ADC0809不断地将0832所输出的模拟量进行A/D转换，转换结果会不断地在显示器上显示，模拟量与数字量对应关系的典型值为+5 V——FFH，2.5 V——80H，0 V——00H。为了便于比较，本实验中显示器的最高位显示“d”，而后显示设定的D/A数字量的十进制值（三位），而后显示“—”，最后显示A/D转换结果的十进制值（三位）。

3. 实验线路连接

（1）A/D转换器ADC0809的片选信号CS_0809连接译码输出Y6，CLK_0809连T1（1 MHz）

（2）A/D转换器0809的通道0输入信号IN0连接D/A转换器DAC0832的输出信号DAOUT。

（3）Y7连接D/A转换器DAC0832的片选信号CS_0832。

（4）将8279A接口模块上的插座DU(JB51)(a～h）用8芯线连接至数码管模块插座DU(a～h)，8279A接口模块上插座BIT(JB53）连接至数码管模块插座BIT。

（5）8279A接口模块上的插孔8279ClK连至上面主板的CLOCK（对58B机型该线不连）。

（6）8279A接口模块上的插孔8279CS连至上面主板的CS5（对58B机型该线不连）。

4. 实验软件参考程序

见随机软件，文件名为DAAD. ASM。

5. 实验步骤

（1）正确理解实验原理。

（2）连接好实验线路。

（3）运行实验程序，观察运行结果。

# 实验18 用0832和8255实现对直流电动机的调速控制

1. 实验目的

(1) 掌握直流电动机的驱动原理。

(2) 了解直流电动机调速的方法。

2. 实验内容

(1) 用DAC0832 D/A转换电路的输出，经放大后驱动直流电动机。

(2) 编制程序，通过读入8255C口的值，并以此值来改变DAC0832的输出来控制电动机转速，并将此值显示在数码管上用以表示电动机的速度。

3. 实验线路连接

(1) DAC0832的片选信号CS_0832连到译码输出Y6。

(2) 将0832输出经放大后的模拟电压输出端DAOUT连到电动机模块MC插座（对58B机型连到DJ插孔），电动机模块上M0和M1分别连两个开关或连+5 V和GND，以控制电动机的正反转。

(3) 8255的8255CS接译码输出Y7。

(4) 8255芯片PC0~PC7插孔依次接K1~K8。

4. 实验软件参考程序

见随机软件，文件名为MOTOR. ASM。

5. 实验步骤

(1) 连好实验线路。

(2) 运行实验程序，观察实验结果。

# 实验19 计数器实验

1. 实验目的

(1) 掌握8259A中断控制器的接口方法。

(2) 掌握8259A中断控制器的应用编程。

2. 实验内容

本系统中已设计有一片8259A中断控制芯片，工作于主片方式，8个中断请求输入端IR0~IR7对应的中断号为8~F。根据实验原理图，8259A和8088系统总线直接相连，8259A上连有一系统地址线A0，故8259A有2个端口地址，本系统中为20H、21H。20H用来写ICW1，21H用来写ICW2、ICW3、ICW4，初始化命令字写好后，再写操作命令字。OCW2、OCW3用口地址20H，OCW1用口地址21H。图5-34中，使用了3号中断源，IRQ3插孔和SP插孔相连，中断方式为边沿触发方式，每按一次AN按钮产生一次中断信号，向8259A发出中断请求信号。如果中断源电平信号不符合规定要求则自动转到7号中断，显示“Err”。CPU响应中断后，在中断服务程序中，对中断次数进行计数并显示，计数值按8位十进制循环显示。

3. 实验线路连接

（1）将 8279A 接口模块上的插座 DU(JB51)(a～h) 用 8 芯线连接至数码管模块插座 DU(a～h)，8279A 接口模块上插座 BIT(JB53) 连接至数码管模块插座 BIT。

（2）8279A 接口模块上的插孔 8279ClK 连至上面主板的 CLOCK（对 58B 机型该线不连）。

（3）8279A 接口模块上的插孔 8279CS 连至上面主板的 CS5（对 58B 机型该线不连）。

（4）手工操作：单级中断区 8259A 的 IRQ3 插孔和 SP 插孔相连。SP 插孔初始电平为低电平。

（5）自动操作：单级中断区 8259A 的 IRQ3 插孔和 T6（100Hz）插孔相连。

4. 实验软件参考程序

见随机软件，文件名为 COUNTET. ASM。

5. 实验步骤

（1）连好实验线路。

（2）运行实验程序，在显示器上上显示"8259-1"。

（3）按 AN 按键，每按二次产生一次中断，在显示器左边一位显示中断次数，计数值在十进制内循环显示。

# 实验 20　16C550 串行口控制器实验

1. 实验目的

（1）掌握 16C550 的工作方式及应用。

（2）学习 PC 串口的操作方法。

（3）掌握使用 16C550 实现双机通信的软件编制和硬件连接技术。

2. 预备知识

16C550 是一种连接任何类型虚拟串行接口的可编程通信接口，与 Intel 微处理器完全兼容，使用非常广泛的异步接收器和发送器（UART）。它内置了 16 个字节的 FIFO 缓冲，最大通行速率可达到 115 KB/s，是现代基于微处理器设备包括 PC 和许多调制解调器的最普通的通信接口。更详细的内容参看附带光盘里的相关文档目录中的 16C550. PDF。

对 16C550 进行编程，不断向发送寄存器写数，用示波器观察 TXD 信号脉冲变化，仔细分析波形，理解波形原理。串行传输的数据格式可设定如下：传输波特率为 9 600 Bd，每个字节有一位逻辑"0"的起始位，8 位数据位，1 位逻辑"1"的停止位，如图 5-36 所示。实验原理图如图 5-37 所示。

按流程图 5-38 编写程序，连续向发送寄存器写 55H。

3. 实验内容

行通信基础实验。编写程序，向串口连续发送一个数据（55H）。将串口输出连接到示波器上，用示波器观察数据输出产生波形，分析串行数据格式。

4. 实验线路的连接

（1）16C550 串行通信区 TxD1（58B 上是 TxD）连示波器测量端。

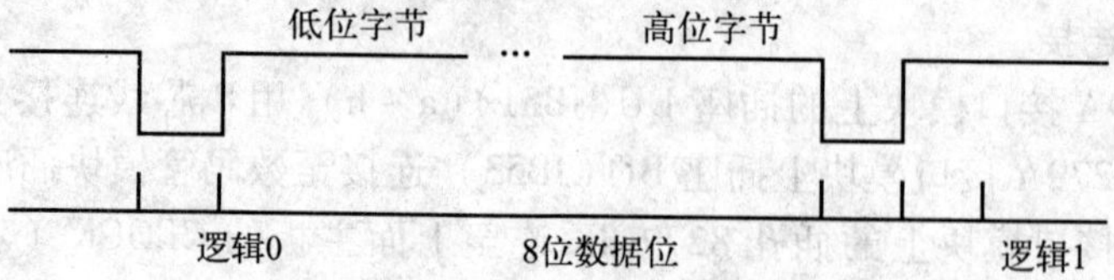


图 5-36　串行传输的数据格式

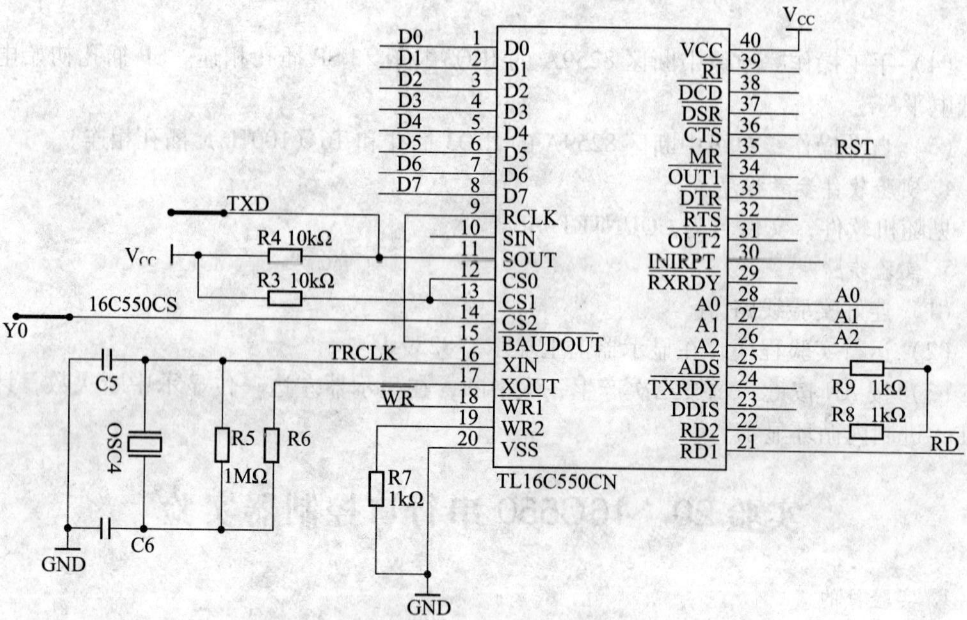


图 5-37　实验原理图

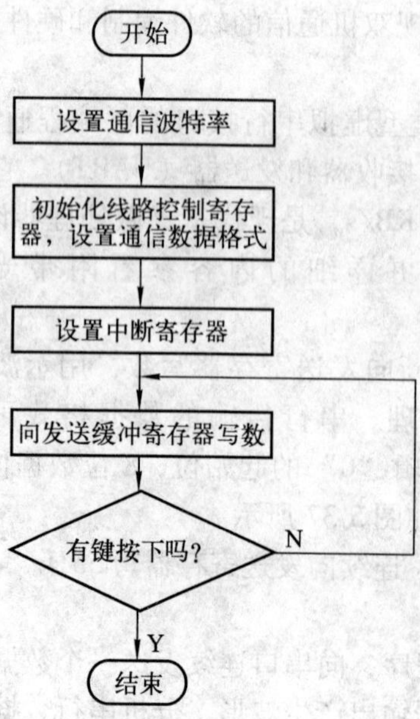


图 5-38　程序流程图

（2）16C550CS 连主板上的 Y0。

5. 实验软件参考程序

见随机软件，文件名为 16C550. ASM。

6. 实验步骤

（1）连好实验线路。

（2）运行实验程序，用示波器探头测 16C550 的发送脚 TxD1 插孔（58B 上是 TxD 插孔）上的波形，以判断起始位、数据位以及停止位的位置。

# 实验 21　液晶显示控制实验

1. 实验目的

（1）学习图形 LCD 的编程操作方法。

（2）学习微机控制 LCD 显示汉字或图形。

2. 预备知识

（1）概述：

DM12864F6 是一种图形点阵液晶显示模组。它用 T6963C 作为控制器，T6A40、T6A39 作为驱动的 128（列）X64（行）的全点阵液晶显示。具有与 Intel 8080 时序相适配的 MPU 接口功能，并有专门的指令集，可完成文本显示和图形显示的功能设置。

（2）特性：

① 工作电压：+5 ×（1 ±10%）V。

② 显示内容：128 ×64 点，可显示 8 个（/行）×4 共 32 个（16 ×16 点阵）的中文字符。内部有固定字模库共 128 种（8 ×8）字符和 2 KB 字节的自定义字模容量。

（3）引脚定义及简要描述（见表 5-10）

表 5-10　引脚定义及简要描述

| 序号 | 引脚定义及简要描述 | 序号 | 引脚定义及简要描述 |
|---|---|---|---|
| 1 | FG，结构地 | 11 | D1，数据总线 |
| 2 | GND，逻辑电源负 | 12 | D2，数据总线 |
| 3 | VCC，逻辑电源正 | 13 | D3，数据总线 |
| 4 | VO，LCD 对比度控制 | 14 | D4，数据总线 |
| 5 | $\overline{WR}$，写信号，低有效 | 15 | D5，数据总线 |
| 6 | $\overline{RD}$，读信号，低有效 | 16 | D6，数据总线 |
| 7 | $\overline{CE}$，LCD 片选，低有效 | 17 | D7，数据总线，MSB |
| 8 | C/D，地址总线，选择寄存器 | 18 | FS，液晶显示字体选择（H：6 ×8，L：8 ×8） |
| 9 | RES，复位信号，低有效 | 19 | BLA，背光正（$V_{CC}$） |
| 10 | D0，数据总线，LSB | 20 | BLK，背光负（0 V） |

（4）指令格式（见表 5-11）

表 5-11　指令格式

| 指令名称 | 控制状态 | | | 指令代码 | | | | | | | | 参数 |
|---|---|---|---|---|---|---|---|---|---|---|---|---|
| | CD | RD | RW | D7 | D6 | D5 | D4 | D3 | D2 | D1 | D0 | |
| 读状态字 | 1 | 0 | 1 | S7 | S6 | S5 | S4 | S3 | S2 | S1 | S0 | 无 |
| 地址指针设置 | 1 | 1 | 0 | 0 | 0 | 1 | 0 | 0 | N2 | N1 | N0 | 2 |
| 显示区域设置 | 1 | 1 | 0 | 0 | 1 | 0 | 0 | 0 | 0 | N1 | N0 | 2 |
| 显示方式设置 | 1 | 1 | 0 | 1 | 0 | 0 | 0 | CG | N2 | N1 | N0 | 无 |
| 显示状态设置 | 1 | 1 | 0 | 1 | 0 | 0 | 1 | N3 | N2 | N1 | N0 | 无 |
| 光标形状设置 | 1 | 1 | 0 | 1 | 1 | 0 | 0 | 0 | N2 | N1 | N0 | 无 |
| 数据自动读/写设置 | 1 | 1 | 0 | 1 | 0 | 1 | 1 | 0 | 0 | N1 | N0 | 无 |
| 数据一次读/写设置 | 1 | 1 | 0 | 1 | 1 | 0 | 0 | 0 | N2 | N1 | N0 | 1 |
| 屏读（一字节）设置 | 1 | 1 | 0 | 1 | 1 | 1 | 0 | 0 | 0 | 0 | 0 | 无 |
| 屏复制（一行）设置 | 1 | 1 | 0 | 1 | 1 | 1 | 0 | 1 | 0 | 0 | 0 | 无 |
| 位操作 | 1 | 1 | 0 | 1 | 1 | 1 | 1 | N3 | N2 | N1 | N0 | 无 |
| 数据写操作 | 0 | 1 | 0 | 数据 | | | | | | | | 无 |
| 数据读操作 | 0 | 1 | 1 | 数据 | | | | | | | | 无 |

3. 实验内容

在 128×64 点阵液晶显示器上显示图形、文字，编制程序，建立字库。本实验显示本公司商标、产品系列名称、公司名称。

本实验中 LCD 显示控制直接由系统总线实现，原理图如图 5-39 所示。

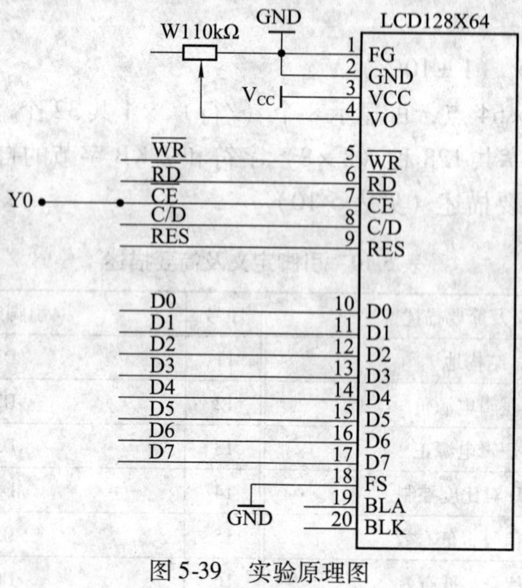


图 5-39　实验原理图

4. 实验流程框图

实验流程框图如图 5-40 所示。

5. 实验线路连接

LCD 液晶显示区的 LCDCS 连主板上的 Y0。

6. 实验软件参考程序

见随机软件，文件名为 LCD. ASM。

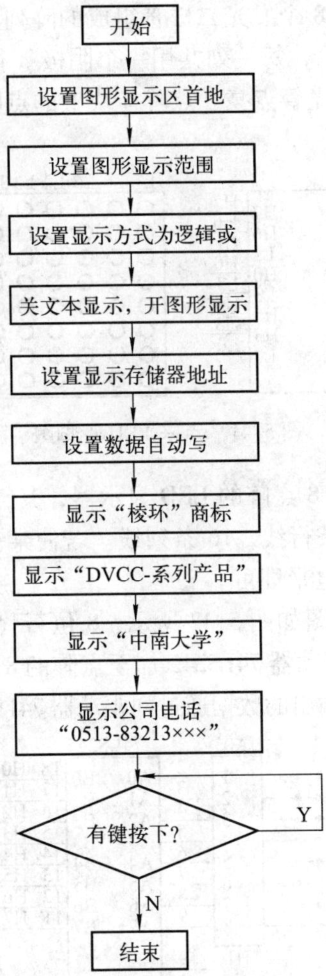


图 5-40　实验流程框图

7. 实验步骤

（1）连好实验线路。

（2）运行实验程序，在显示器上显示公司商标“棱环”、产品系列名称“DVCC”、公司名称“中南大学”。

## 实验 22　点阵 LED 显示实验

1. 实验目的

（1）学习点阵 LED 的基本结构。

（2）学习点阵 LED 的扫描显示方法。

（3）利用 LED 点阵显示器显示图形。

2. 预备知识

点阵 LED 显示器是将许多 LED 类似矩阵一样排列在一起组成的显示器件，当微机输出的控制信号使得点阵中有些 LED 发光、有些不发光时，即可显示出特定的信息，包括汉字、图形等。车站广场由微机控制的点阵 LED 大屏幕广告宣传牌随处可见。

8×8 电阵 LED 相当于 8×8 个发光二极管组成的阵列，对于共阳极 LED 来说，其中每一行共用一个阳极（列控制），每一列共用一个阴极（行控制），行控制和列控制满足正确的电平就可以使相应的发光管点亮。点阵模块上的点阵 LED 的引脚及相应的行、列控制位如图 5-41 所示。

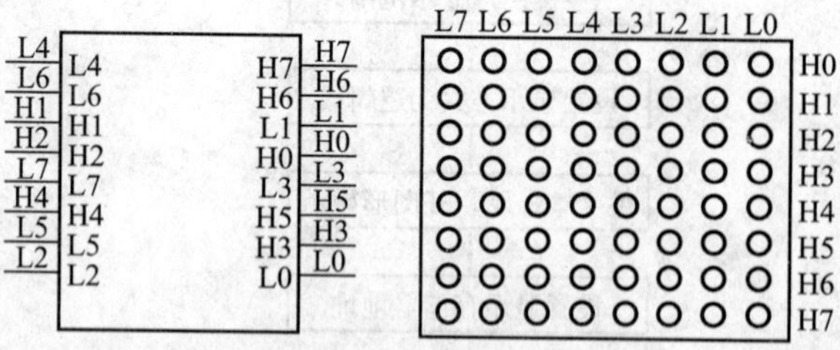

图 5-41　点阵 LED 管脚图

模块上设有 4 个共阳极 8×8 点阵的 LED 显示器，其点阵结构如图 5-41 所示。该点阵对外引出 32 条线，其中 16 条行线，16 条列线。若使某一个 LED 发光，只要将与其相连的行线加低电平，列线加低电平即可。

实验内容（1）的电路原理图如图 5-42 所示，8 位行代码用 8255 的 A 口［0：7］控制。行代码输出的数据通过行驱动器 74LS245 加至点阵的 8 条行线上，8 位列代码用 8255 的 C 口［0：7］控制。列代码输出的数据通过列驱动器 74LS245 加至点阵的 8 条列线上。

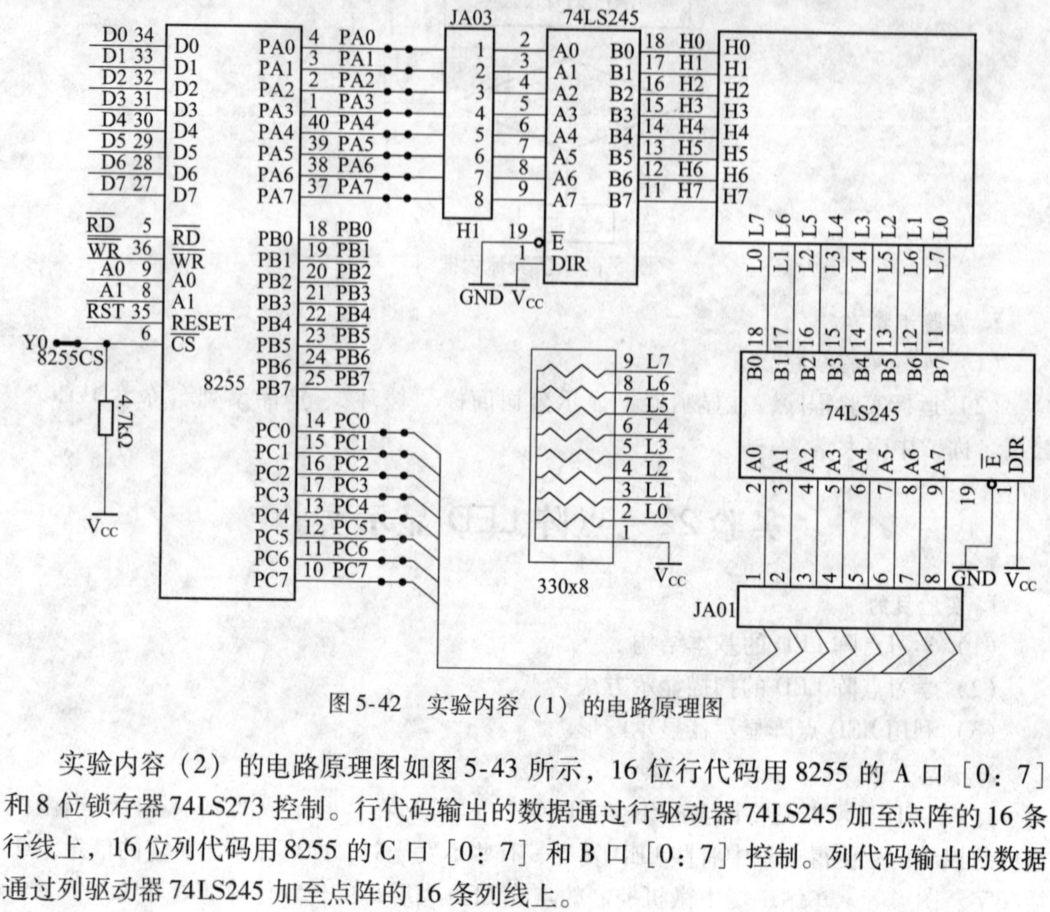

图 5-42　实验内容（1）的电路原理图

实验内容（2）的电路原理图如图 5-43 所示，16 位行代码用 8255 的 A 口［0：7］和 8 位锁存器 74LS273 控制。行代码输出的数据通过行驱动器 74LS245 加至点阵的 16 条行线上，16 位列代码用 8255 的 C 口［0：7］和 B 口［0：7］控制。列代码输出的数据通过列驱动器 74LS245 加至点阵的 16 条列线上。

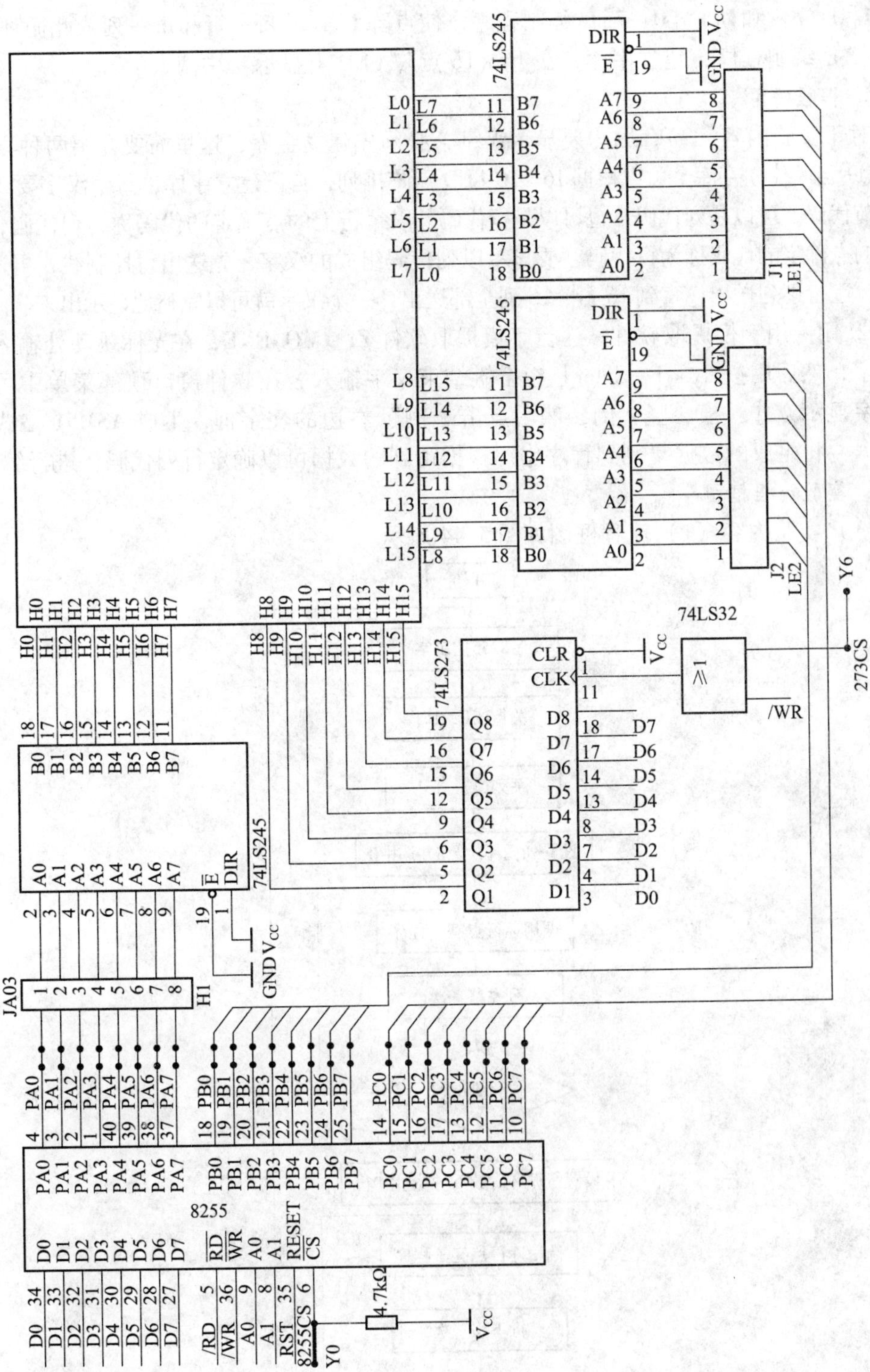


图 5-43　实验内容（2）的电路原理图

按图接好实验电路，编写程序进行实验。

3. 实验内容

(1) 使用I/O 接口芯片 8255 的 A 口［0：7］和 C 口［0：7］分别控制 LED 点阵的

行 H［0：7］和列 L［0：7］。编制程序，使点阵 LED 的每一行和每一列依此循环显示。

（2）编制程序，建立字库，在 16×16 点阵 LED 上显示“中南大学”。

4. 编程提示

对于实验内容（2），因为要显示汉字，必须先建立字库，这里简要介绍两种方法。

① 自己建立字库。可以根据 16×16 LED 点阵排列，自己建立字库，每个汉字要 32 个 8 位字节代码，可以是列代码，也可以是行代码，以每行上的点确定的代码称为列代码，以每列上的点确定的代码称为行代码。要显示以列代码组成的汉字，先送出行控制线，再送出列代码，逐行逐列送出，直到 16 行、16 列全部送出，一个汉字就可以完整地显示出来。

② 用专用字模提取软件。运行字模提取软件 ZI_ MO. EXE，在光标跳动处输入所要的汉字，然后用按［Ctrl + Enter］组合键结束汉字输入，在软件窗口顶部菜单中可以选择汉字显示方式：横、竖、倒，然后点击“倒”右边的文字框，生成 ASM51 格式的点阵数据，将生成的数据复制到程序中。根据得到的数据可以确定行列代码，进行编程。

5. 实验流程框图

（1）实验内容（1）流程框图如图 5-44 所示。

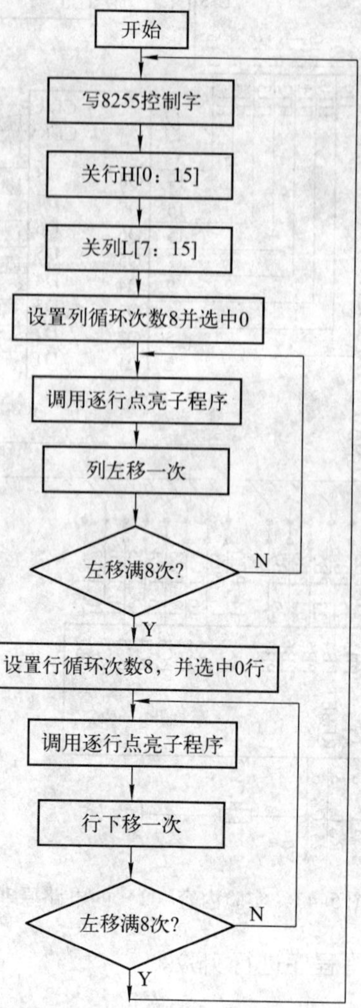


图 5-44　实验内容（1）流程框图

（2）实验内容（2）流程框图如图 5-45 所示。

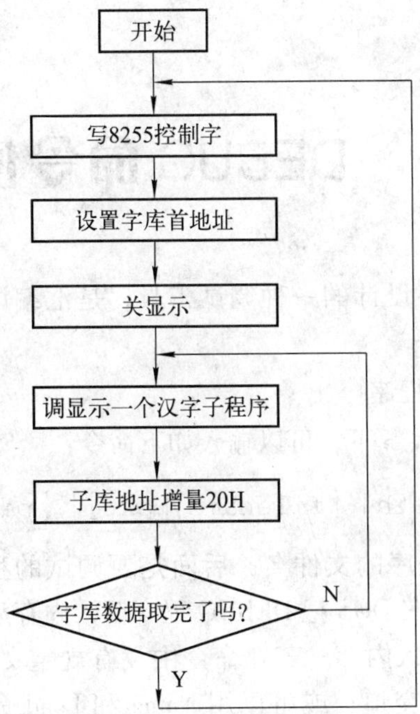


图 5-45　实验内容（2）流程框图

6. 实验软件参考程序

见随机软件，文件名为别为 LED8. ASM 和 LED16. ASM。

7. 实验步骤

实验内容（1）：

（1）8255 并行接口控制区的 8255CS 连主板上的 Y0。

（2）8255 并行接口控制区的 PA0 ~ PA7 连 16×16 点阵显示区 H0 ~ H7。

（3）8255 并行接口控制区的 PC0 ~ PC7 连 16×16 点阵显示区 L0 ~ L7。

（4）8255 并行接口控制区的 PB0 ~ PB7 连 16×16 点阵显示区 L8 ~ L15。

（5）运行实验程序，8×8 点阵 LED 的每一行和每一列依此循环点亮。

实验内容（2）：

（1）8255 并行接口控制区的 8255CS 连 Y0。

（2）8255 并行接口控制区的 PA0 ~ PA7 连 16×16 点阵显示区 H0 ~ H7；I/O 简单扩展区 PO0 ~ PO7 连到 16×16 点阵显示区 H8 ~ H15。

（3）8255 并行接口控制区的 PC0 ~ PC7 连 16×16 点阵显示区 L0 ~ L7；PB0 ~ PB7 连 L8 ~ L15。

（4）I/O 简单扩展区 273CS2 连实验箱主板上 Y6。

（5）运行实验程序，16×16 点阵 LED 上显示“中南大学”。

# 附录 A　DEBUG 命令使用

DEBUG 是专为汇编语言设计的一种调试工具，是汇编语言程序员必须掌握的调试手段。

**一、如何调用 DEBUG 程序**

在 PC DOS 的提示符 D：> 下，可以输入如下命令：

```
D: >DEBUG [d:] [path] [filename [ext]] [parm1] [parm2]
```

其中，DEBUG 是调试程序的文件名；后面是要调试的程序的文件标识符。若在命令中规定了文件标识符，则在 DOS 把 DEBUG 程序调入内存后，DEBUG 程序把要调试的程序（根据文件标识符）调入内存。若在命令中没有规定文件标识符，则 DEBUG 程序或者与正在内存中的内容打交道；或可以用 Name 和 Load 命令，从盘上输入要调试的程序。

命令行中的［parm1］［parm2］在后面结合具体的命令加以介绍。

在 DEBUG 程序调入后，出现提示符“-”。说明现在系统在 DEBUG 程序的管理之下，所有 DEBUG 命令，也只有在出现此提示符后才有效。

**二、DEBUG 程序对寄存器和标志位的初始化**

在 DEBUG 程序启动后，它把各个寄存器和标志位置成以下状态：

（1）段寄存器（GS、DS、ES 和 SS）置于自由存贮空间的底部，也就是 DEBUG 程序结束以后的第一个段。

（2）指令指针（IP）置为 0100H。

（3）堆栈指针置到段的结尾处，或者装入程序的临时底部，取决于哪一个更低。

（4）余下的寄存器（AX、BX、CX、DX、BP、SI 和 DI）置为 0。但是，若调用 DEBUG 时包含一个要调试的程序文件标识符，则 CX 中包含以字节表示的文字长度，若文件大于 64 KB，则文件长度包含在 BX 和 CX 中（高位部分在 BX 中）。

（5）标志位都置为清除状态。

（6）default 的磁盘缓冲区置于代码段的 80H。

注：若由 DEBUG 调入的程序，具有扩展名 .EXE，则 DEBUG 必须进行再分配。把段寄存器、堆栈指针置为程序中所规定的值。

**三、有关 DEBUG 命令的一些共同信息**

（1）DEBUG 命令都是一个字母，后面跟有一个或多个参政。

（2）命令和参数可以用大写或小写或混合方式输入。

（3）命令和参数间可以用定界符分隔。然而定界符只是在两个邻接的十六进制之间是必需的。因此，下列命令是等效的：

```
d cs: 100  110
d cs: 100, 110
```

(4) 可以用按【Ctrl + Break】组合键来停止一个命令的执行，返回 DEBUG 提示符。

(5) 每一个命令，只有按【Enter】键以后才有效，才开始执行。

(6) 若一个命令产生相当多的输出行，为了能在屏幕上清楚显示，可以在显示过程中，按【Ctrl + NumLock】组合键，以暂停上卷；可以按任何一个字符来重新启动。

(7) 若 DEBUG 检查出一个语法错误，则显示具有错误的行和指示错误所在。例如：

```
d  cs: 100  cs: 110
                error
```

### 四、DEBUG 的主要命令

1. 显示内存单元内容的命令（Dump　Command）

为了了解程序执行的结果，检查内存单元的内容十分重要。此命令能检查指定范围的存储单元的内容。命令的格式为：

D［地址］　或　D［范围］

其中，D 是命令字母，［地址］或［范围］都是为了指定要显示的存储单元的范围。

存储单元的内容用两种方式显示：一种是每一个存储单元的内容（每一字节）用两位十六进制数显示；另一种是用相应的 ASCII 字符显示，句号（.）表示不可显示的字符。

显示有两种格式，若是 40 列系统显示格式，每一行显示 8 字节，若是 80 列显示格式，每一行显示 16 字节。第 8、9 字节间有一连字符（-）。

(1) 显示命令有两种常用的格式：

D 地址　或　D

若命令中有指定地址，则从指定地址开始，显示 40H 个字节（相应于系统的 40 列显示格），或 80H 个字节（相应于 80 列显示格式）。

若命令中没有指定起始地址，则从上一个 D 命令所显示的最后一个单元的下一个单元开始。若以前没有使用过 D 命令，则从由 DEBUG 初始化的段寄存器的内容，加上地址偏移量 0100H 作为起始地址。

若在命令中所输入的地址中，只包含起始地址的偏移量，则 D 命令认为段地址包含在 DS 中。

例如：对于 80 列的显示格式

```
-D  100
```

显示的起始地址由 DS 内容（作为段地址）与 100H（作为偏移量）组成。共显示 80H 个单元的内容。

(2) 显示指定范围的内容：

D　范围

在范围中包含起始地址和结束地址。若输入的起始地址中，未包含段地址部分，则D命令认为段地址在DS中；而输入的结尾地址中，只允许有地址偏移量。例如：

```
-D  DS: 100  0200
```

2. 修改存储单元内容的命令

此命令用于修改存储单元的内容，它有两种基本格式：

（1）用命令的内容表去代替指定范围的内存单元的内容：

E  地址    内容表

例如：

```
E   DS: 100  F3 "XYZ" 8D
```

内存单元DS：100到DS：104这5个单元的内容由表中给定的5个字节的内容（其中2个字节用十六进制数表示，即F3、3D；另3个用字符表示，就是“XYZ”，用它们的ASCII码值代入）所代替。

（2）一个单元一个单元地连续修改方式：

E  地址

在输入了上述命令，屏幕上显示指定单元的地址和原有的内容之后，可以采用以下几种操作中的一种：

① 再输入一个字节的十六进制数，以代替原单元中的内容，然后可以采取下面3种操作之一。

② 按空格键，则上一个替换要求完成，且显示下一个单元的地址和原有的内容。如果要修改，则输入两位十六进制数，再按空格键盘，这样就可以连续地进行修改。

若某一单元的内容不需要修改而操作要进行下去，则可直接按空格键。

③ 输入一个连接号（-），则又显示前一单元的地址和内容，若要修改，就输入一个字节的内容，然后再按“-”，则又显示前一个单元的地址和内容。这样，就可以连续地进行反向修改。

若前一单元的内容不需要修改，可直接按“-”键。

④ 按［Enter］键结束此命令。

3. 检查和修改寄存器内容的命令（Register  Command）

为了了解程序运行是否正确，检查寄存器内容的操作是十分重要的。

R命令有3种功能：

（1）能显示CPU内部所有寄存器的内容和全部标志。

（2）能显示和修改一个指定的寄存器的内容。

（3）能显示和修改所有标志位的状态。

下面分别予以介绍：

① 命令格式：

```
R
```

则系统的响应为：

```
A>DEBUG  EXAMPLE4.EXE
-r
AS=0000  BX=0000  CX=004A  DX=0000  SP=0064  BP=0000  SI=
0000  DI=0000  DS=07B5  ES=07B5  SS=07C6  IP=0000 NV UP DI PL NZ
NA PO NC
07C6:0000  BSC507  MOV  AX, 07C5
```

前两行显示格式显示了所有 CPU 内部寄存器内容和全部标志的状态（其含意在下面介绍），第三行显示了现行 CS:IP 所指的指令的机器码以及汇编符号。

② 命令的格式：

R  寄存器名

例如为了检查和修改寄存器 AX 的内容，可输入以下命令：

```
-R  AX
```

则系统可能出现如下响应：

```
AX  FIF4
```

此时，可采取以下两种操作之一：

- 若不需要改变其内容，直接按［Enter］键。
- 若需要改变内容，则输入 1 ~4 个十六进制数值，再按［Enter］键，以实现修改。例如：

```
-r  BX
BX  0369
: 059F
```

则 BX 中的内容由 0369H 改变成 059FH。

4. 显示和修改标志状态

在 8086/8088 中，共有 9 位标志，其中追踪标志 T 不能直接用指令改变，其他 8 个标志位可以显示和修改。

在显示时，8 个标志的显示次序和符号如表 A-1 所示。

表 A-1  标志的显示次序和符号

| 标志名 | 说  明 | 置位于 | 复  位 |
|---|---|---|---|
| 溢出（Overflow） | （是/否） | OY | NY |
| 方向（Direction） | （减量/增量） | DN | UP |
| 中断（Interrupt） | （允许/屏蔽） | EI | DI |
| 符号（Sign） | （负/正） | NG | PL |
| 零（Zero） | （是/否） | ZR | NZ |
| 辅助进位（Anxigiary  Carry） | （是/否） | AC | NA |
| 奇偶（Parity） | （偶/奇） | PE | PO |
| 进位（Carry） | （是/否） | CY | NC |

命令的格式为：

```
RF
```

系统可能给出如下响应：

```
OV  DN  EI  NG  ZG  ZR  AC  PE  CY -
```

于是可以采取以下两种操作之一：

（1）若不需要修改任一已设置的标志状态，可直接按［Enter］键。

（2）若有一个或多个标志需要修改，则可以输入此标志的相反的值。输入的标志的次序是无关的，输入的各个标志之间可以没有空格。然后按［Enter］键，以实现修改。例如：

```
OV  DR  EI  NG  ZR  AC  PE  CY-PONZDINV
```

5. 运行命令（Go Command）

为了检查程序运行是否正确，希望在运行中能设置断点，以便逐段对程序对程序进行调试。

G 命令的格式为：

```
G [=address] [address] [address…]]
```

其中，第一个参数 = address 规定了起始地址；以 CS 中的内容作为地址，以等号后面的地址作为地址的偏移量。在输入时“=”号是不可缺少的（以便与后面输入的数据点地址相区分）。

若不输入起始地址，则以 CS：IP 作为起始地址。

后面的地址参数是断点地址。若在命令行中，除了起始地址以外，没有任何地址参数，则程序执行时没有断点。在开始调试程序时，往往要设置断点。DEBUG 程序中最多允许设置 10 个断点，这些断点地址的次序是任意的。设置多个断点的好处是：若程序有多个模块、多个通路，不管是哪一个通路执行，都有可能在断点处停下来。

DEBUG 程序用一个中断类型 3 指令（操作码为 CCH）来代替被调试的程序在断点地址处的指令操作码。当程序执行到一个断点地址时就停了下来显示 CPU 内部所有寄存器的内容，和全部标志位的状态（相当于一条 R 命令）；被调试程序的所有断点处的指令被恢复（若程序　行未遇到断点，则不恢复）；全部断点被取消；返回 DEBUG。

于是，就可以利用各种 DEBUG 命令来检查程序执行的结果和进行必要的修改。

注解：

（1）命令中的地址参数所指的单元，必须包含有效的 8086/8088 的指令码。若指定的地址单元，不包含有效指令的第一个字节，则会出现不可预料的结果。

（2）对于 GO 命令，堆栈必须至少包含有 6 个可用的字节；否则会出现不可预料的结果。

（3）若输入的断点地址，只包含地址偏移量，则 G 命令认为其段地址在段寄存器 CS 中。

6. 追踪命令

追踪命令有两种格式：

(1) 一条指令一条指令地追踪。

若输入命令

```
T [ =address]
```

则执行一条指定地址处的指令，就停下来，显示 CPU 所有寄存器和全部标志位的状态，以及下一条指令的地址和内容，返回 DEBUG。此时，可以用其他 DEBUG 命令进一步检查此条指令执行的结果和作必要的修改。

若在指令中没有指定地址，则从 CS：IP 的现行值执行。

(2) 多条追踪命令。

命令的格式为：

```
T= [ =address] [值]
```

此命令从指定的地址开始（若命令中用［ = 地址］给定了起始地址，则从这起始地址开始，若未给定，则从当前的 CS：IP 开始），执行由命令中的［值］所决定的几条指令，执行就停下来。T 命令显示每条指令执行后的寄存器的内容和全部标志位的状态。执行停下来后，返回 DEBUG，可以用 DEBUG 的其他命令进一步检查指令执行后的结果和作必要的修改。

7. **汇编命令**（Assemble Command）

若在调试中发现程序中的某一部分要改写或要增补一段等，就可以直接在 DEBUG 下输入、汇编、运行和调试这一段程序。这比每一次修改都要经过编辑、汇编、连接这样的过程简便多了。

汇编命令的格式为：

```
A [地址]
```

于是，从指定的地址开始，可以输入汇编语言的语句，A 命令把它们汇编成机器码从指定的地址单元开始连续存放。

若在命令中没有指定地址，但前面用过汇编命令，则接着上一个汇编命令的最后一个单元开始存放。若前面未用过汇编命令，则从 CS：100 单元开始存放。

若输入的语句中有错，DEBUG 就显示“Error”。且重新显示现行的汇编地址，等待新的输入。

DEBUG 支持标准的 8086/8088 汇编语言语法（和 8087 指令系统），具有以下一些规则：

(1) 所有输入的数字值，全为十六进制数，可输入 1 ~ 4 个十六进制数字字符。

(2) 前缀助记符，必须在相关的指令之前输入，也可以分别放在不同的行。

(3) 段超越助记符为“CS：”“DS：”“ES：”“SS：”。

(4) 串操作助记符中，必须注明串操作的长度，即说明是字操作还是字节操作。

(5) 交叉段返回（远返回）的助记符为 BETF。

(6) 汇编程序能自动汇编短、近和远的转移和调用，取决于到目的地址的字节偏移量。这些也能够由 NEAR 和 FAR 前级来超越。例如：

```
0100: 0500    JMP   502       ；两字节短转移指令
```

```
0100: 0502    JMP    NEAR    505  ; 三字节短转移指令
0100: 0505    JMP    FAR     50A  ; 5 字节远转移指令
```

（7）DEBUG 不能确定某些数涉及的是字存储单元还是字节存储单元。在这种情况下，必须用前缀“WORD PTR”（可缩写为“WO”）OR“BYTE PTR”（可缩写为“BY”）来明确说明数据类型。例如：

```
NEG  BYTE  PTR [126]
DEC  WORD  PTR [SI]
```

（8）DEBUG 也不能确定一个操作数是立即数还是存储单元的地址，所以 DEBUG 中存储单元的地址，放在方括号中。例如：

```
MOV  AX, 21H     ; 把 21H 送至 AX
MOV  AX, [21]    ; 把地址为 21H 以及 22H 存储单元的内容送至 AX
```

（9）两个最常用的指令 DB 和 DW 也能被使用；用来直接把字节和字的值送入相应的存储单元。例如：

```
DB  1, 2, 3, 4,"THIS IS AN EXAMPLE"
DW  1000, 2000, 3000,"CH"
```

（10）DEBUG 支持所有形式的寄存器间接寻址命令。例如：

```
ADD  BX, 34 [BP+2] [SI—1]
POP [BP+DI]
```

（11）DEBUG 支持所有的操作码的同义词。例如：

```
LOOP  100
JA    200
```

下面举一个例子，来说明 A 命令的使用。

```
-A  CS: 0100
08F8: 0100  DB 30, 31, 32, 33, 34, 35, 36, 37, 38, 39, 41, 42, 43,
      44, 45, 46
08F8: 0110  MOV  SI, 0100
08F8: 0113  MOV  DI, 0200
08F8: 0116  MOV  CX, 10
08F8: 0119  REP  MOVSB
08F8: 011b  HLT
```

例如：

```
08F8: 011C
```

先用伪指令 DB，输入要传送的源操作数，然后输入数据块传送程序。在程序输入完毕后，最后一行不输入内容，直接按［Enter］键，使返回 DEBUG。

8. 反汇编命令（Un assemble　Command）

若在内存某一区域中，已经有了某一个程序的目标码。为了能清楚了解此程序的内容，就希望能把目标程序反汇编为源程序。这主要用到 U 命令。

U 命令有两种常用的格式。

（1）一种格式为：

```
U  或  U  地址
```

则从指定的地址开始，反汇编 16 字节（在系统的 40 列显示方式）或反汇编 32 字节（在 80 列显示方式）。

若在命令中没有指定地址，则以上一个 U 命令的最后一条指令的地址的下一单元作为起始地址；若没有输入过 U 命令，则以由 DEBUG 初始化的段寄存器的值作为段地址；以 0100 作为地址偏移量。例如：

```
A>debug       examl1.exe
-u
0091:0000   B81F00        MOV       AX,091F
0091:0003   8ED8          MOV       DS,AX
0091:0005   8EC0          MOV       ES,AX
0091:0007   B82209        MOV       AX,0922
0091:000A   8ED0          MOV       SS,AX
```

这样的 U 命令一次显示 32 字节（80 列显示格式），但程序未完，可再用 U 命令接着显示。

（2）第二种格式为：

```
U  范围
```

对指定范围的内存单元进行反汇编。

范围可以由起始地址、结束地址来规定。例如：

```
U  04Ba:0100  0108
```

也可以由起始地址及长度来规定。例如：

```
U  04BA:0100  L9
```

这与上一个命令的结果是相同的。

若命令中规定结束地址，则结束地址中只包含地址偏移量。

此命令一次把指定范围的内容反汇编出来，故若已知要反汇编的程序的长度（字节数），则用此命令，一次可把整个程序都反汇编出来。

9. 输入命令（Input　Command）

此命令能从指定的端口输入一个字节并显示出来。命令的格式为：

```
I  端口地址
I  34
```

```
5F
```

表示从端口地址 34H 输入一字节的内容 5FH。

10. **输出命令**（Output Command）

此命令能向指定的端口输出一个字节。命令的格式为：

```
O 端口地址 字节值
```

11. **命名命令**（Name Command）

此命令有两个功能：

（1）用命令中给定的两个文件标识符（filespec）格式化在 CS：5CH 和 CS：6CH 的两个文件控制块（若在调用 DEBUG 程序时具有一个文件标识符，则它已格式化在 CS：5CH 的文件控制块）。

文件控制块是后面要介绍的 Load 命令和 Write 命令所需要的，且能提供所要求的文件名。

（2）能把命令中所输入的文件标识符和别的参数精确地按照输入的情况（包括定界符），放至自 CS：81H 开始的参数保存区中，在 CS：80H 中保存输入的字符个数。在寄存器 AX 中保存前两个文件标识符中的驱动器标志。

N 命令的格式为：

N 文件标识符［文件标识符］

若在调用 DEBUG 程序时，没有规定文件标识符，则必须先用 N 命令把要调用的文件标识符格式化到 CS：5CH 的文件控制块中，才能用 Load 命令把它调入内存以进行调试。

```
A＞DEBUG
-N  myprog
-L
-
```

为了定义正在调试的程序所需要的文件标识符及其他参数，可输入以下命令。

```
A＞DEBUG  MYPROG
-N  file1  file2
-
```

在这种情况下，在调用 DEBUG 时；就已经把文件 MYPROG 调入且放在自 CS：100H 开始的存储区中，而且此文件的文件控制块已格式化在 CS：5C 开始的区域中。

而 N 命令要格式化 file1 和 file2 的文件控制块至 CS：5CH 和 CS：6CH 处，这样 file1 的文件控制块就把原来的 MYPROG 的文件控制块冲掉了。

N 命令还把命令中除命令字母 N 以外的所有字符（包括定界符）放至 CS：81 起的缓冲区中，CS：80 中包含了字符个数。

12. **装入命令**（Load Command）

L 命令有两种基本的功能：

（1）把磁盘上指定区域（指定驱动器和指定扇区范围）的内容，装入到内存的指定区域中，命令的格式为：

```
L 地址 驱动器 扇区号 扇区数
```

其中，地址是装入内存的起始地址，若输入时没有给定段地址，则L命令认为段地址包含在寄存器中，第一个扇区号是指定的起始的相对扇区号；后一个扇区数是指定要装入的扇区数。L命令一次能读入的最大区段数为80H。例如：

```
L 400:100 1 10 32
```

是指从B驱动器（由驱动器号1指定）相对扇区号10H开始装入32H（50）个扇区的内容至内存从400：100H开始的区城中。

（2）装入指定的文件。

命令格式为：

```
L地址 或 L
```

此命令装入已在DS：5CH中格式化的文件控制块所指定的文件。所以，在使用这种格式的L命令之前，在CS：5CH中必须有已格式化的文件标识符，这通常可以选用一条N指令来实现。

若命令中没有规定地址，则文件装入到CS：100开始的内存区域中；若命令中规定了地址，则装入至指定的区域中。但若具有扩展名.COM或.EXE的文件，则始终是装入至CS：100O的区域中，即使在命令中指定了地址，此地址也即忽略。

在BX和CX中包含所读文件的字节数，但若所读的文件具有扩展名.EXE，则BX和CX中包含实际的程序长度。

13. 写命令（Write Command）

此命令把正在调试的数据写入至磁盘中。W命令一次能写入的最大扇区数为80H，W命令也有两种基本格式：

（1）把数据写至指定的扇区

命令的格式为：

```
W地址 驱动器 扇区号 扇区数
```

此命令把由地址所指定的内存区域中的数据，写入至指定的驱动器，起始扇区由命令中相对扇区号指定，要写入的扇区数也由命令中给定。

注释：

① 写数据至指定扇区的操作要十分小心，因若有差错，就会破坏盘上的原有内容。

② 若命令中给定的地址，只包含地址偏移量，则W命令认为段地址在CS中。

③ 记住起始扇区号和扇区数，都是用十六进制数表示的。例如：

```
W 1FD 1 100 A
```

此命令把内存起始地址为CS：01FD的缓冲区的数据，写入列驱动器B，起始扇区号为相对扇区号100H（256），共写入0AH（10）个扇区。

（2）写入至指定的文件中

命令的格式为：

W 或 W 地址

此命令把指定内存区域中的数据写入到由 CS：5CH 处的文件控制块所规定的文件中。

若命令没有指定地址，则内存区域从 CS：100H 开始；若命令中给定地址，则从指定地址开始。

在用 W 命令以前，CS：5CH 中必须要有要写入的文件的文件控制块，这可以先用一条 N 命令来实现。

在 W 命令以前，在 BX 和 CX 中应包含有要写入文件的字节数。

若企图写入具有扩展名 . EXE 或 . HEX 的文件，则 DEBUG 显示一个错误信息。因为这些文件的写入要用一种特殊格式，而这种格式，DEBUC 程序不支持。

14. 退出命令（Quit Command）

程序调试完，就要退出 DEBUG 程序。返回 DOS 时，可采用 Q 命令。命令格式为：

Q

Q 命令并不把在内存中的文件存盘。若要存盘，必须先用 W 命令。

# 参 考 文 献

[1] 刘云玲. 微机原理与接口技术实验指导[M]. 北京：清华大学出版社，2014.
[2] 陈逸菲. 微机原理与接口技术实验及实践教程[M]. 北京：电子工业出版社，2016.
[3] 梁建武. 微机原理与接口技术[M]. 北京：中国铁道出版社，2016.
[4] 杨帮华. 微机原理与接口技术实用教程[M]. 2 版. 北京：清华大学出版社，2013.